N° 5 B   33ᵉ ANNÉE

BULLETIN ÉCONOMIQUE
DE L'INDOCHINE

INSPECTION GÉNÉRALE DE L'AGRICULTURE
DE L'ÉLEVAGE ET DES FORÊTS

COMPTE RENDU DES TRAVAUX
1928-1929

IV. — NOTES SUR LES CONDITIONS
DE LA PRODUCTION ET DU COMMERCE
DU RIZ AU JAPON

HANOI

—

1930

N° 5 B   33ᵉ ANNÉE

BULLETIN ÉCONOMIQUE
DE L'INDOCHINE

INSPECTION GÉNÉRALE DE L'AGRICULTURE
DE L'ÉLEVAGE ET DES FORÊTS

COMPTE RENDU DES TRAVAUX
1928-1929

IV. — NOTES SUR LES CONDITIONS
DE LA PRODUCTION ET DU COMMERCE
DU RIZ AU JAPON

HANOI

—

1930

Notes sur les conditions de la production et du commerce du riz au Japon

Photos et graphiques

Notes sur les conditions de la production et du commerce du riz au Japon

Les notes qui suivent se rapportent aux conditions de la production et du commerce du riz au Japon.

Elles ont été prises au cours d'un voyage de six semaines dans ce pays (novembre-décembre 1929).

Le temps dévolu était trop court pour qu'une connaissance parfaite du sujet pût être acquise ; le travail présenté est donc une esquisse, qui devra, par la suite, être poussée, rectifiée, complétée. Tel quel, il peut servir déjà par les exemples qu'il donne d'améliorations productives et d'organisations bienfaisantes basées sur l'expérimentation agricole et les principes de la mutualité.

De vifs remerciements sont dûs au Chargé d'Affaires de France à Tokyo, à l'Attaché commercial à l'Ambassade de France et à ses collaborateurs japonais, au gérant du Consulat de France à Yokohama et au personnel des Potasses d'Alsace à Tokyo pour leur aide précieuse ; au personnel des Services techniques de l'Agriculture japonais pour son aimable accueil.

Les unités japonaises.

Mesures de longueur	Shaku	m.	0,303
Mesures de surface	Tsubo	m²	3,3057
	Tan	a.	9,9173
	Chô	ha.	0.9917
Mesures de capacité	Shô	l.	1.803
	Tô	l.	18.03
	Koku	hl.	1,80
Mesures de poids	Momme	gr.	3,75
	Kwan	kg.	3,75
Monnaies	Yen		
	Sen	Y	0,01

Rizières au pied du Fuji-Yama.

Ferme.

Les rendements des rizières sont exprimés par *tan* en *koku* de riz décortiqué. Le grain, séparé de sa balle sur l'exploitation même, mesuré, mis en balle, reste dans cet état jusqu'à livraison au détaillant, qui le blanchit dans son magasin pour le vendre au consommateur.

Le *koku* de riz décortiqué vaut 180 litres et pèse en moyenne 142 kilogs. Le rapport en poids du paddy au riz qui en est tiré $= \dfrac{100}{79}$ Le *koku* de riz décortiqué correspond donc à $142 \times \dfrac{100}{79} = 180$ kgs de paddy.

Le rapport entre l'hectare et le *tan* est $\dfrac{100}{9,91} = 10,1$.

Un *koku* par *tan* correspond donc à $180 \times 10.1 = 1818$ kgs de paddy par hectare.

La valeur correspondante est, au taux de 28 yens le **koku**, de $\dfrac{28}{1,8} = 15$ yens 60 les 100 kgs de paddy. Dans ce prix sont inclus le décortiquage, l'emballage et le transport à l'entrepôt agricole.
1,8
tiquage, l'emballage et le transport à l'entrepôt agricole.

Les applications d'engrais sont décomptées en *nomme* par *tsubo* pour les pépinières, en *kwan* par *tan* pour les rizières.

1 *nomme* par *tsubo* = 3 gr. 75 pour 3 m2 30 soit pratiquement 11 kgs 4 par hectare.

1 *kwan* par *tan* = 3 kgs 75 pour 9 a. 92, soit 37 kgs 8 par hectare.

*
* *

Les divisions administratives.

Le Japon propre est divisé en 47 provinces ou *Ken*, dont chacune comprend des districts plus petits (*Gun*) eux-mêmes partagés en villages (*Mura*) et villes (*Machi*). Il y a environ 10.500 villages et 1.500 villes, plus une centaine de cités autonomes.

Les provinces (*Ken*) sont administrées par des Chefs, fonctionnaires relevant du Département de l'Intérieur. Chaque province a un conseil composé de 30 membres élus pour 4 ans. Tout homme âgé de plus de 25 ans, habitant la province depuis au moins 2 ans est électeur et éligible. Le conseil de province est un organe consultatif. Il se réunit une fois

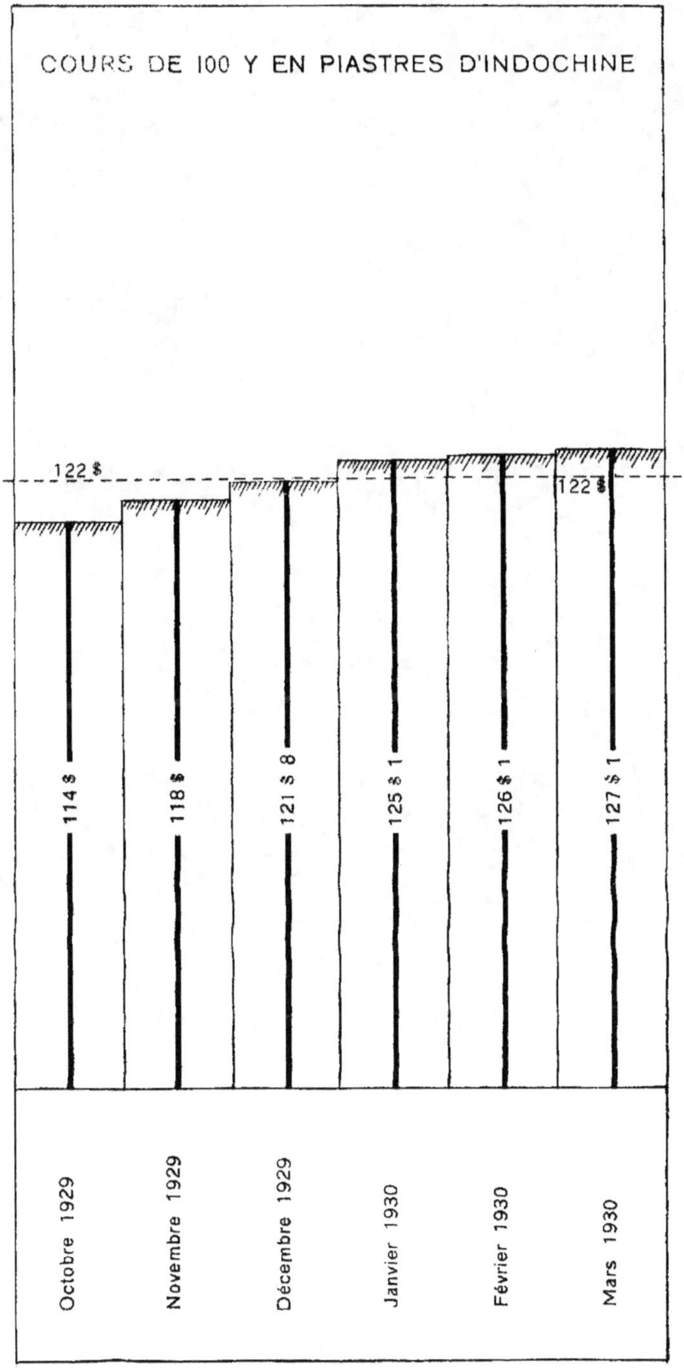

COURS DE 100 Y EN PIASTRES D'INDOCHINE
122 $
122 $
114 $
118 $
121 $ 8
125 $ 1
126 $ 1
127 $ 1
Octobre 1929
Novembre 1929
Décembre 1929
Janvier 1930
Février 1930
Mars 1930

VENTS D'HIVER.

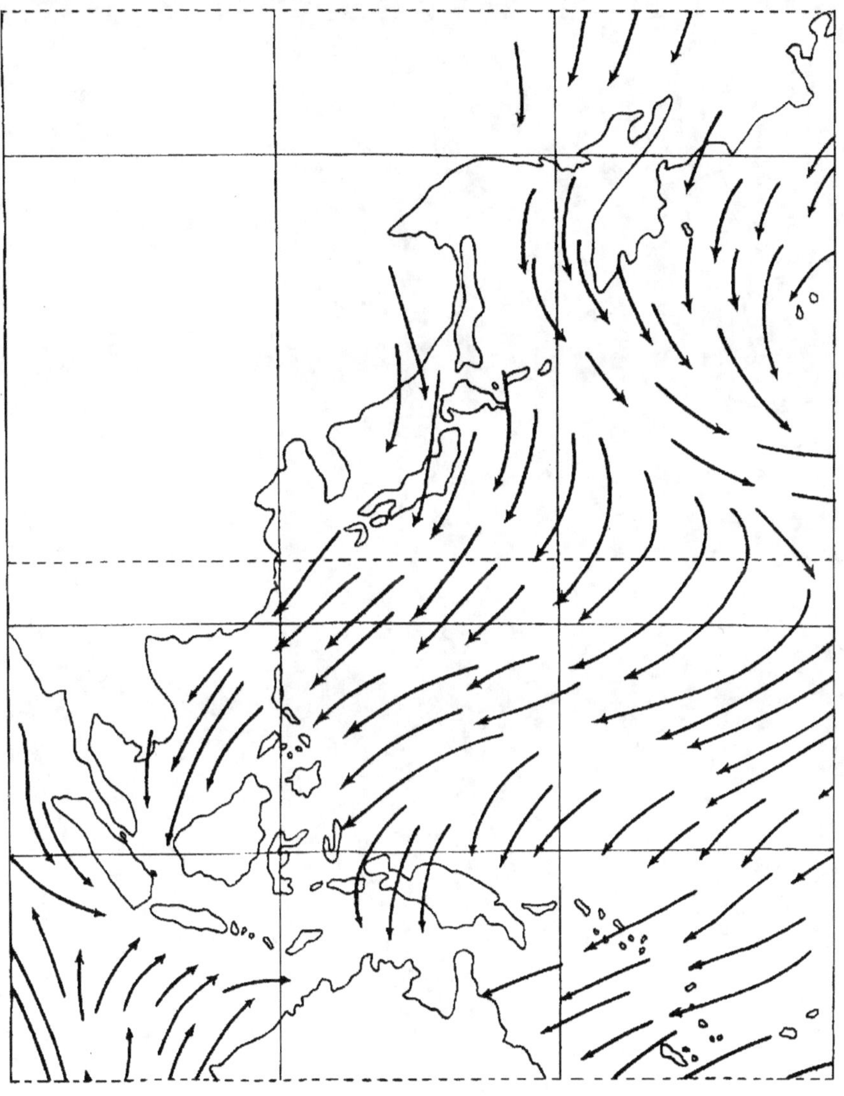

VENTS D'ÉTÉ.

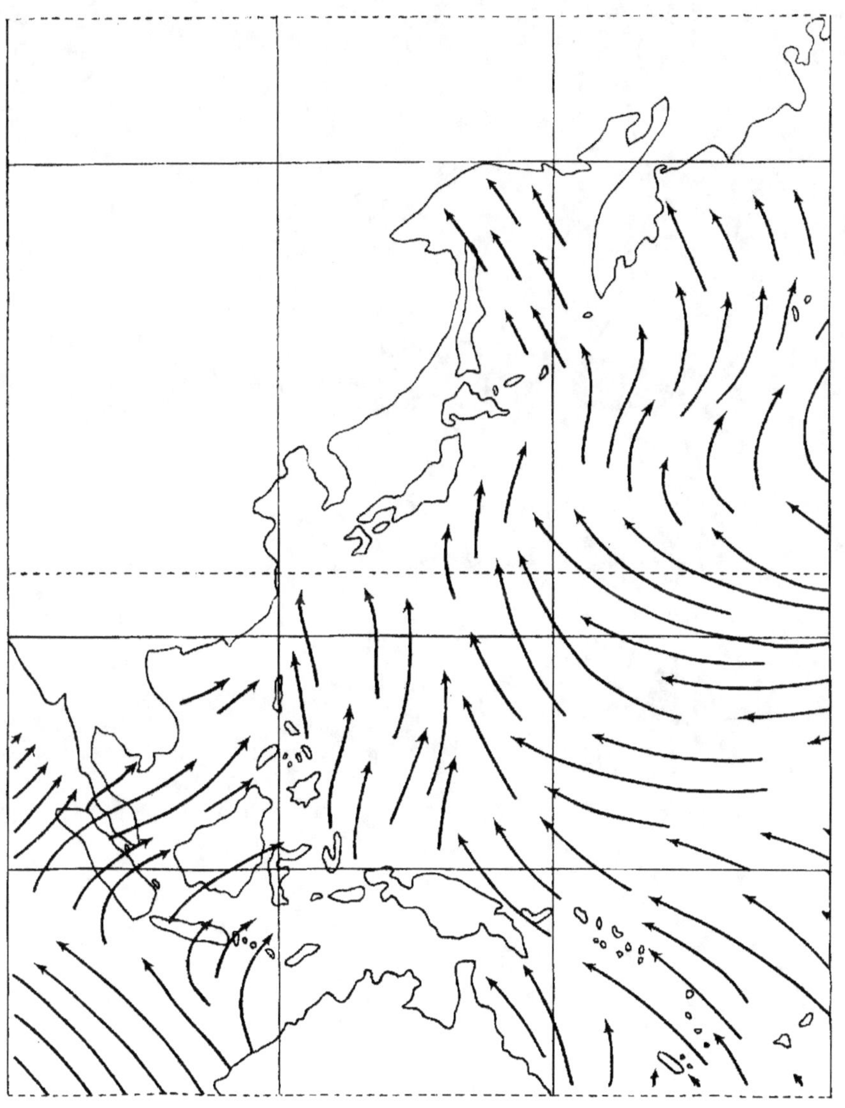

COURANTS MARINS

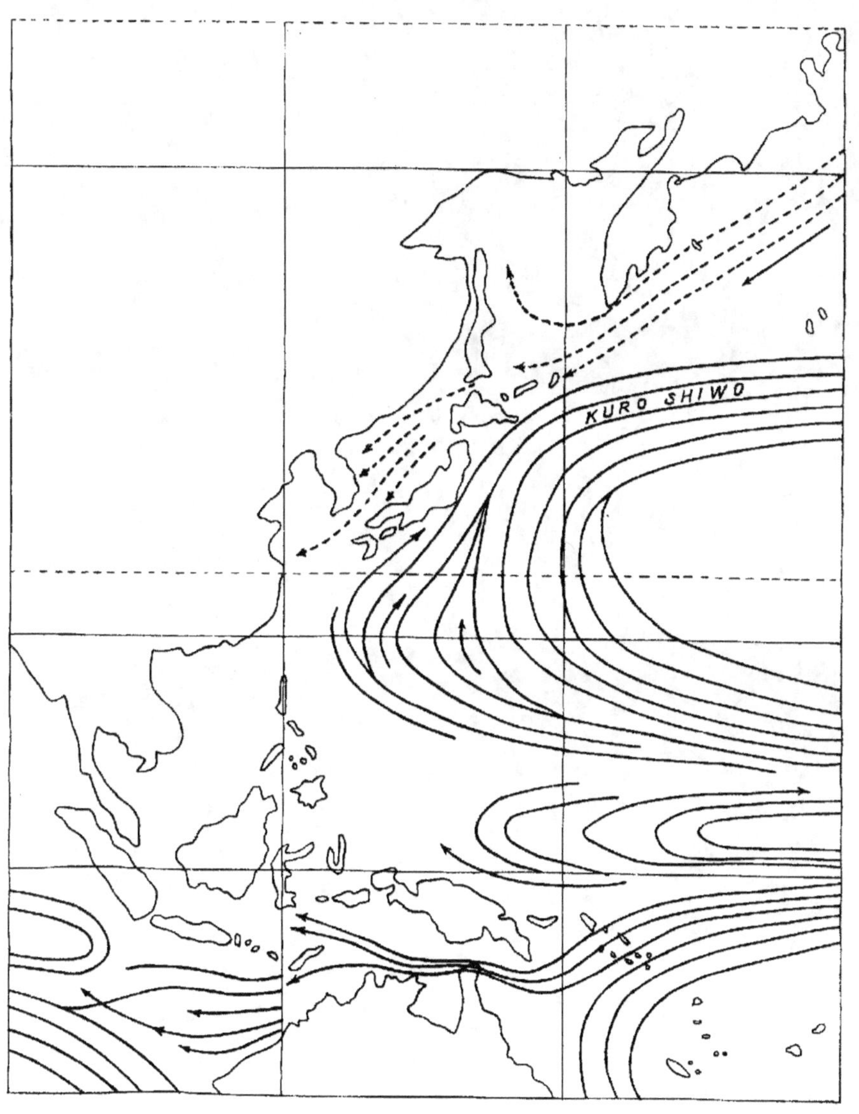

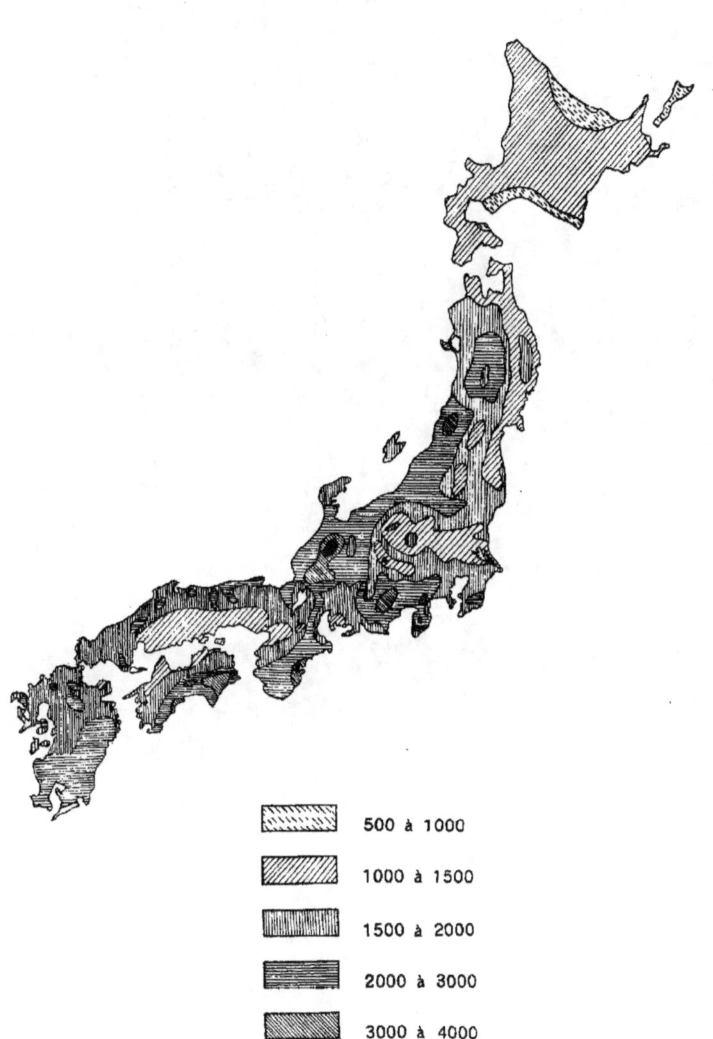
PLUIES ANNUELLES.
500 à 1000
1000 à 1500
1500 à 2000
2000 à 3000
3000 à 4000
4000 à 5000

par an pour délibérer le budget et approuver les actes du Chef de province.

Les districts (*Gun*) n'ont ni fonctionnaires, ni conseils spéciaux. Leur rôle tend à s'effacer avec le développement des voies de communications.

Les villages et les villes ont un conseil élu. Sont électeurs et éligibles les hommes âgés de 25 ans résidant depuis au moins 2 ans. Le chef de village (ou ville) est élu par les membres du conseil. Tous les mandats sont de 4 ans.

Avant 1926, ne pouvaient être électeurs et éligibles que les hommes ayant des moyens d'existence indépendants et acquittant un minimum d'impôt défini par l'Administration. Ces clauses furent abolies, — premier pas dans la voie du suffrage universel.

Le nombre des votants a triplé en même temps qu'une modification s'est produite dans le caractère des élus, une large place étant faite parmi eux aux représentants des associations agricoles, aux délégués des ouvriers et aux membres de sociétés égalitaires.

*
* *

Le climat du Japon.

Dans l'ensemble, l'archipel est sous l'influence du *Kuro-Shiwo*, courant chaud qui balance l'effet du voisinage du continent. Ainsi, au sud-est et à l'est, *l'hiver* est moins froid qu'en Chine à même latitude. Tout de même les rizières sont gelées et les basses montagnes sont couvertes de neige. Il gèle plus de deux mois par an à Tôkyô. Le vent souffle du nord-ouest. En avril, il tourne au sud-est ; au courant venant du continent succède le courant marin venant de l'équateur. La campagne rizicole commence. *L'été* et l'automne sont pluvieux c'est-à-dire que le maximum de précipitations coïncide avec le maximum thermique. La campagne rizicole s'achève entre septembre et novembre.

Quelques particularités : 1° A l'ouest les grandes pluies sont apportées par les vents du nord-ouest. Le maximum des chutes est en décembre : les vents chargés d'humidité sur la mer du Japon la condensent en rencontrant les montagnes ; il y pleut plus qu'à l'est et au sud ; la hauteur d'eau tombée est parfois le double, à latitude égale ;

2° Dans la Mer Intérieure, entourée de tous côtés de montagnes formant écran, les pluies sont faibles ;

3° Il tombe de moins en moins d'eau à mesure qu'on va vers le nord.

Le riz trouve sa limite d'extension dans le sud de Hokaido.

La population.

La population japonaise, dense dans l'ensemble, est très inégalement répartie. La majeure partie des îles est occupée de massifs montagneux, semi déserts. C'est sur les zones cultivées, plaines littorales et basses vallées que s'est concentrée l'activité humaine avec des maxima dans les zones industrielles. Là se trouvent de 900 à 1.000 habitants par kilomètre carré.

Et cette population croît. De 1875 à 1925 elle est passée de 34 millions à 63 millions d'âmes, doublant presque en 50 ans. On compte 34 naissances par an pour 1.000 habitants. Le fait est imputable à des sentiments patriotiques et religieux généralement répandus.

A l'origine des temps modernes, soit au début de l'ère de Meiji, en 1868, le Japon était seulement un pays agricole. Son industrie est jeune ; elle s'est développée depuis une quarantaine d'années. En 1886 la population urbaine ne dépassait guère 6 %. de la population totale. Aujourd'hui, elle en représente près de 25 %.

Il n'en demeure pas moins évident que l'équilibre n'existe pas entre le nombre des habitants des campagnes et les terres qu'ils travaillent, non plus qu'entre la population totale et les surfaces qui la nourrissent.

On a pensé voir des remèdes à la surpopulation du Japon dans l'émigration à l'étranger, dans le développement de l'industrie et dans l'extension, à l'intérieur du pays, des surfaces dévolues à l'agriculture. Il ne semble pas qu'il faille faire un grand fond sur le premier : le Japonais répugne à s'expatrier, et il colonise difficilement ses propres territoires. Quant à l'industrie, son essor est fonction de son approvisionnement en matières premières dont elle est sur place insuffisamment pourvue, et des débouchés qu'elle pourra s'assurer au dehors. Les crises graves qu'elle a traversée depuis la fin de la Grande Guerre le prouvent. La main-d'œuvre attirée des campagnes vers les usines reflue, compliquant le malaise rural du désarroi des chômeurs errants, déracinés, en quête d'un travail quelconque et perdant leur bien le plus précieux : l'habilité professionnelle. La mise en valeur de zones incultes, soit par extension des terres labourées, soit par aménagement de pâturages, enfin par reboisement, donne davantage espoir. Quoi qu'il en soit, les conséquences actuelles logiques du déséquilibre signalé sont, d'une part : l'exploitation au maximum de toute la terre arable, la concurrence des familles dans la recherche d'un champ à cultiver, l'élévation des loyers et conséquemment de la valeur vénale des terres, le morcellement à l'extrême des surfaces ; d'un autre côté : l'obligation pour le pays d'importer des matières alimentaires pour racheter la différence entre la consommation et la production.

Terres hautes
Zônes basses
(Principalement rizières)

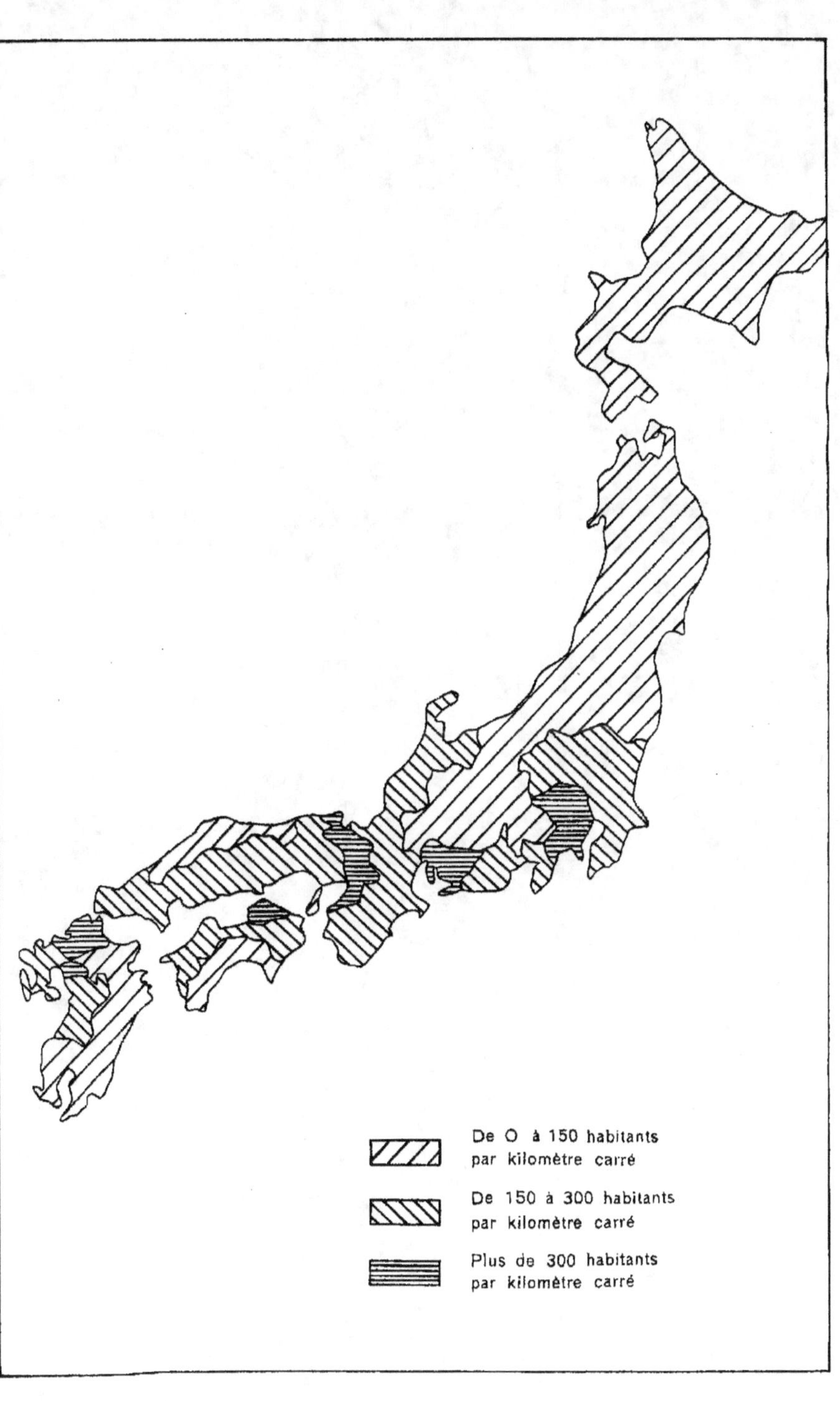

De O à 150 habitants
par kilomètre carré
De 150 à 300 habitants
par kilomètre carré
Plus de 300 habitants
par kilomètre carré

Le riz, consommation et production.

Le principal emploi du riz est l'alimentation.

Dans le Japon propre, la consommation par tête d'habitant est 112 shô (1) ; 63 millions d'habitants consomment donc 70 millions de koku environ. La culture n'en produit que 63 millions au maximum. Le déficit entre la production et la consommation s'agrandit sans cesse. Le tableau suivant le montre.

PRODUCTION ET POPULATION

Années	Récolte	Indice	Population	Indice
1914	57.007.540	100	52.320.477	100
1915	55.924.079	98.1	53.035.610	101.4
1916	58.452.386	102.5	53.719.446	102.7
1917	54.567.972	95.7	54.339.347	103.8
1918	54.700.161	95.9	54.845.476	104.8
1919	60.818.688	106.7	55.200.629	105.5
1920	63.208.540	110.9	55.721.267	106.6
1921	55.180.488	96.8	56.391.909	107.8
1922	60.693.851	106.5	57.132.725	109.2
1923	55.444.089	97.3	57.883.273	110.6
1924	57.170.413	100.3	58.643.581	112.1
1925	59.703.784	104.7	59.414.078	113 5
1926	55.592.820	97.8	60.194.368	115.0
1927	62.104.503	108.9	60.985.368	116.6
1928	60.302.780	105.5	61.745.000	117.4
1929	58.372.000	102.2	63.398.000	120.4

(1) 100 shô : 1 koku ;
   1 koku de riz décortiqué (non blanchi)) pèse 142 kgs
(2) d'après le Consulat de France à Yokohama.

La propriété rurale.

La propriété rurale est très divisée ; les exploitations agricoles sont
de petite surface.

36 % occupent moins de 5 tan (0 ha. 49) ;

34 % — de 5 tan à 1 cho ;

21 % — de 1 cho à 2 cho ;

6 % — de 2 cho à 3 cho ;

2 % — de 3 cho à 5 cho ;

1 % — plus de 5 cho (4 ha. 96).

Les éléments des statistiques à dix ans d'intervalle (1916-1926) ne
montrent pas de changement dans cette répartition. Le nombre total
des exploitations s'est accru pendant ce temps d'environ cent mille.

ANNÉES	Nombre total d'exploitations	Moins de 5 tan (19 ares 58)	de 5 tan à 1 cho	de 1 cho à 2 cho	de 2 cho à 3 cho	de 3 cho à 5 cho	Plus de 5 cho (4 ha 96)
1916	5.457.795	1.986.831	1.817.220	1.103.818	333.189	148.322	68.413
1917	5.466.361	1.968.380	1.826.673	1.115.693	335.693	149.702	70.220
1918	5.476.784	1.946.619	1.823.905	1.133.921	246.634	154.236	71.481
1919	5.481.187	1.938.381	1.818.653	1.133.275	340.180	155.108	95.591
1920	5.484.563	1.935.151	1.829.432	1.133.305	340.894	153.927	91.793
1921	5.455.681	1.916.583	1.822.173	1.142.930	334.342	150.667	88.986
1922	5.439.409	1.912.768	1.821.333	1.156.693	321.454	145.119	81.742
1923	5.440.026	1.910.130	1.827.562	1.163.627	319.613	139.786	79.303
1924	5.532.429	1.944.663	1.868.794	1.181.133	323.666	138.011	76 162
1925	5.548.599	1.951.156	1.877.485	1.185.364	322.856	137.084	74 966
1926	5.555.157	1.951.380	1.885.723	1.190.233	312.548	134.116	72.157

Les terres de rizières.

IMPORTANCE RELATIVE DES TERRES DE RIZIÈRES. — La culture primordiale au Japon est celle des rizières, dont le produit constitue au moins la moitié de la ration humaine moyenne, bien que beaucoup de gens, par économie, remplacent le riz par d'autres aliments. La rizière, cependant, n'égale que la moitié de la surface totale cultivée. Le tableau suivant montre que son étendue croît, mais que son importance relative reste presque la même. Ce fait témoigne de l'effort des habitants pour mettre en valeur des terres moins favorables que celles dès longtemps appropriées, en particulier de celles inaptes à la riziculture.

PROPORTION DES RIZIÈRES DANS LA SURFACE TOTALE CULTIVÉE AU JAPON DE 1916 A 1926 (1)

Années	Surfaces totales (en cho)		Surfaces des rizières (en cho)	
1916	5.896.476	100	2.979.253	100
1917	5.952.875	101	2.996.826	101
1918	6.027.097	103	3.002.813	101
1919	6.071.888	103	3.021.879	101
1920	6.084.276	103	3.033.974	102
1921	6.097.926	104	3.044.890	102
1922	6.090.394	104	3.050.054	102
1923	6.039.022	103	3.066.518	103
1924	6.065.164	103	3.082.715	103
1925	6.067.015	103	3.102.011	104
1926	6.073.797	103	3.113.482	104

(1) D'après le dernier fascicule de « Statistical abstract of the Ministry of Agriculture and Forestry.

La majeure partie des rizières sont irriguées.

Les rizières de montagne ne représentaient que 137.282 cho soit :

$$\frac{137.282}{3.113.482} = 4,4 \% \text{ de l'ensemble en 1926.}$$

TENURE DES TERRES DE RIZIÈRES. — Beaucoup de terres ne sont pas exploitées par leurs propriétaires. En particulier, 52 % des surfaces consacrées à la riziculture sont amodiées.

TENURE DES TERRES EN RIZICULTURE DE 1916 A 1926			
Années	Surfaces totales des rizières (Cho)	Surfaces exploitées par leurs propriétaires (Cho)	Surfaces amodiées
1916	2.979.253	1.450.060	1.529.193
1917	2.996.826	1.449.386	1.547.440
1918	3.002.913	1.454.298	1.548.615
1919	3.021.879	1.465.113	1.556.766
1920	3.033.974	1.464.764	1.569.210
1921	3.044.890	1.473.262	1.571.628
1922	3.050.054	1.471.097	1.578.957
1923	3.066.518	1.481.999	1.584.519
1924	3.082.715	1.496.806	1.585.909
1925	3.102.011	1.512.953	1.589.058
1926	3.113.482	1.522.568	1.590.914

Bien que le contrat de fermage commence à entrer dans les mœurs, le métayage domine encore. La redevance normale est de 1 *koku* par *tan* (1 koku 25 au maximum). Le produit moyen est inférieur à 2 koku par tan.

			Qx / Ha	
1920	2.02		36.72	
1921	1.76		31.99	
1922	1.93		35.08	
1923	1.76		31.99	
1924	1.82	Moyenne	33.08	Moyenne
1925	1.04	1.62	18.90	29.46
1926	1.02		18.04	

C'est donc plus de 50 % du produit brut que le métayer doit payer au propriétaire.

VALEUR VÉNALE DES TERRES DE RIZIÈRES. — La valeur vénale des rizières est donnée par le tableau suivant :

VALEUR VÉNALE DES RIZIÈRES (ESTIMATION)				
	EN YEN PAR TAN			
Classement	D'après le Ministère des Finances	D'après le Crédit foncier	D'après le Service d'assurance des P. T. T.	Moyenne
Classe supérieure	665	739	715	706
Classe moyenne	415	560	498	491
Classe inférieure	227	390	310	309

CHARGES FISCALES DES TERRES DE RIZIÈRES. — Le Japon suit la méthode française d'application des centièmes additionnels au principal de l'impôt, pour créer des ressources aux provinces, aux communes et aux corporations. Ainsi, 52 % des ressources provinciales proviennent de surtaxes, le reste étant des revenus propres. Le pourcentage des ressources communales venant des surtaxes atteint 97.

L'impôt foncier acquitté par les terres cultivées a varié dans le temps.

Il égalait 2 % du capital qu'elles représentaient avant 1901. Il fut 3,3 % de 1901 à 1905, 5,5 % de 1905 à 1912, 4,7 % de 1912 à 1914 ; il est 4,5 % depuis 1914. En 1927, les rizières qui ont payé l'impôt valaient 1.015.791.000 yens. Elles ont rapporté 45.683.000 yens.

Celles des terres cultivées dont la valeur ne dépasse pas 200 yens et qui sont exploitées par leur propriétaire habitant dans le village de leur situation sont totalement dégrevées.

Il y a un impôt sur les maisons, mais pas d'impôt personnel. Les impôts sur les revenus, etc... ne touchent pratiquement pas l'agriculteur. Le tabac et le sel sont monopolisés. L'alcool ne l'est pas, mais acquitte des droits très lourds.

L'impôt par tête d'habitant a été, de 1922 à 1926, en moyenne 23 yens. 39. En 1926, cette somme s'est répartie comme suit :

A l'État	13 yens	2
Aux provinces	4	2
Aux communes	6	3
	23 yens	7

La pratique rizicole

On a vu que les rizières occupent la moitié des surfaces cultivées, que le tiers des exploitations intéresse moins d'un demi-hectare ; qu'un autre tiers occupe de un demi à un hectare.

Une famille de paysans comprend ordinairement six personnes, dont 3 ou 4 travaillent ensemble ; les autres sont trop jeunes ou trop âgés.

Les maisons sont le plus souvent groupées, mais les villages sont forcément très proches les uns des autres, conséquence de la surpopulation et du morcellement des terres. Le paysan est donc à proximité immédiate de son champ.

Le bétail n'est pas nombreux : une tête pour 3 hectares (Kyôto), et son emploi est difficile : un animal pour 5 exploitations par exemple. De plus, les champs exigus se prêtent mal à l'utilisation des machines de culture, plus mal encore à celle des machines de récolte, malgré l'entente entre fermiers. Les chevaux sont aussi souvent employés que les bœufs. La nourriture des animaux est un problème de tous les instants, mais, pour disposer de fumier, le cultivateur s'ingénie à le résoudre.

Ces conditions d'une part, le soin minutieux que l'ouvrier japonais apporte à tous ses travaux, d'autre part, donnent à la culture le caractère du jardinage.

Pour tirer d'exploitations si menues de quoi faire vivre une famille, même maigrement, il faut combiner les cultures, les intercaler dans l'espace et dans le temps, obtenir de la terre une production ininterrompue.

Nulle part dans le Japon propre on ne peut faire deux récoltes de riz sur une même terre dans une même année : le froid de l'hiver s'y oppose. Cette double récolte ne serait réalisable qu'avec peine dans Kiousiou. Elle est de pratique courante à Formose.

A défaut d'un second riz, il est possible, dans la grande majorité des cas, de cultiver une céréale d'hiver, telle que orge, seigle, blé, ou une légumineuse destinée à être enfouie en vert au moment de la préparation des rizières de l'année suivante. Ces productions essentielles laissent d'ailleurs du temps pour l'exploitation de plantes arbustives qui prennent place sur les terres inaptes aux labours : théiers, mûriers, agrumes, bambous donnant des pousses comestibles ou des matériaux de construction. Les légumes occupent le reste de la surface.

Les graphiques suivants mettent en évidence la succession des plantes sur un même sol.

En ce qui concerne spécialement le riz, certaines opérations culturales méritent une mention. Les pépinières sont préparées avec le plus grand soin sur terre abondamment fumée en matières organiques et

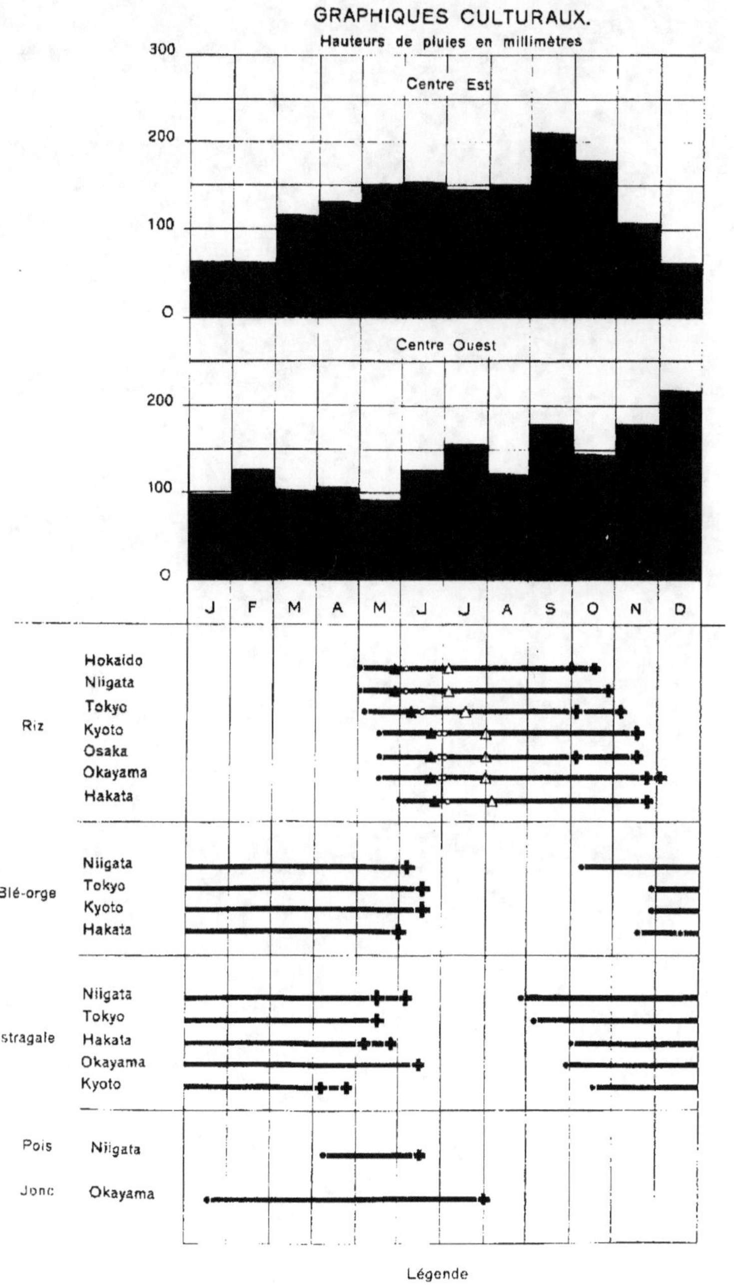

GRAPHIQUES CULTURAUX.
Hauteurs de pluies en millimètres
300
200
100
0
Centre Est
Centre Ouest
200
100
0
J F M A M J J A S O N D
Riz
Hokaïdo
Niigata
Tokyo
Kyoto
Osaka
Okayama
Hakata
Blé-orge
Niigata
Tokyo
Kyoto
Hakata
Astragale
Niigata
Tokyo
Hakata
Okayama
Kyoto
Pois   Niigata
Jonc   Okayama
Légende
• Semis   ○ Transplantation   ✚ Récolte
▲ Fumure de fonds   △ Fumure en couverture

en éléments minéraux. Les semences, nettoyées, sont classées suivant densité, par immersion dans un bain salin. Les pépinières en cours de végétation sont parfois pulvérisées avec des insecticides ou des fongicides. Les rizières sont fertilisées avant repiquage puis en cours de végétation. Le repiquage est fait très régulièrement. Les touffes, constituées d'un même nombre de plants, sont alignées le long d'un gabarit en bambou portant des encoches marquant la place des touffes. Les cultivateurs attachent une grande importance à la régularité du repiquage, qui facilite, dans la suite les sarclages à la houe.

La circulation de l'eau dans les rizières est assurée avec le plus grand soin. Les zones cultivées étant le plus souvent au pied des hauteurs, les aménagements sont relativement faciles, à cause de la pente disponible. Par ailleurs l'emploi des petites norias à palettes, construites en bois et mues au pied complète la distribution.

Les sarclages sont faits soit avec des roues en bois dont la jante est munie de saillies régulièrement espacées, lesquelles, pénétrant dans le sol, y enfouissent les herbes ; soit à l'aide de houes à lames assez voisines de celles en usage en Europe.

La moisson est faite à la main, la coupe près de terre, à l'aide de faucilles. Dans les champs, le long des chemins, sont dressés des chevalets en bambous sur lesquels sont accrochées les javelles, qui sèchent ainsi avant le battage. L'automne est souvent pluvieux. Cette méthode permet d'avoir des grains parfaitement mûrs, non teintés, et une paille saine.

Le battage est fait en plein champ, en profitant des journées de soleil. Plusieurs procédés sont en usage. Le plus rudimentaire consiste à passer les tiges à travers les dents d'un gros peigne fixe. Le travail est lent mais les grains restent intacts. L'usage du fléau est rare. Un autre moyen plus moderne, repose sur l'emploi d'une machine composée essentiellement d'un tambour cylindrique en bois à axe horizontal, monté sur roulements à billes et entraîné par une manivelle, une bielle et une pédale, comme une meule de rémouleur. L'opérateur actionnant la machine, les génératrices supérieures du cylindre fuient devant lui. Dans la surface du tambour sont implantés des arceaux en fer rond. Les javelles sont passées une à une à l'opérateur qui les présente au tambour en mouvement ; les grains détachés sont recueillis dans une bâche placée en avant de la machine. L'habilité consiste à ne traiter que des riz biens secs et ne donner au tambour que la vitesse suffisante pour opérer le battage, sans fendre le grain (1).

---

(1) Cette batteuse, employée au Tonkin pour l'expérimentation, a été étudiée par M. Dumont dans « Observations Rizicoles au Tonkin » — B. E. mars 1930. B p. 289 N. D. L. R.)

Les batteuses diffèrent entre elles par les dimensions ; la longueur peut être telle que deux opérateurs travaillent côte à côte ; les pédales sont jumelées.

D'autres machines sont mues par moteur à explosion.

Après nettoyage au tarare ou à l'aide du vent, le grain est séché au soleil sur des nattes. Il est ensuite décortiqué à la ferme même. Cette opération est faite à l'aide d'une machine constituée essentiellement de deux disques situés dans des plans verticaux parallèles voisins. L'un est fixe, l'autre mobile autour d'un axe horizontal les traversant tous deux normalement en leur centre. Le disque fixe porte une armature de caoutchouc contre laquelle les grains venant d'une trémie supérieure, sont projetés violemment par le disque mobile jouant le rôle de distributeur ; le choc des grains contre la paroi de caoutchouc suffit

Repiquage.

à en détacher la balle, sans briser l'amande. Le mélange des grains décortiqués et de balles s'échappe par la périphérie. La séparation des deux éléments est faite sur un crible incliné que les grains décortiqués traversent ; les balles sont éliminées par ventilation ; les grains demeurés vêtus sont recueillis au pied du crible et repassés. Les machines sont ordinairement mues à la main (manivelle). Après mesurage en volume, les grains décortiqués sont mis en balles de paille de riz ; ces balles sont préparées l'hiver, en utilisant la main-d'œuvre familiale. Pour plus

Rendements à l'hectare

Moins de 27 quintaux de paddy

De 27 à 36 quintaux
Plus de 36 quintaux

de sûreté, elles sont elles-mêmes revêtues d'une seconde enveloppe, également en paille et cordées. La confection de ces balles est assez voisine de celles des paillassons de jardinier. Un outillage simple en facilite la préparation. Les Japonais ont aussi des machines pour faire des cordes en paille, à plusieurs brins et torsion automatique.

Ce qui précède montre le souci du paysan de faire rendre à la terre tout ce qu'elle peut, d'obtenir la plus grande quantité de produits de la meilleure qualité, d'en pousser la préparation et la présentation pour relever leur valeur marchande et utiliser une main-d'œuvre surabondante.

Les accroissements de rendements dus à l'emploi généralisé des engrais, à la propagation des meilleures variétés, enfin à la diffusion des méthodes de culture les plus parfaites sont mis en évidence dans le tableau ci-dessous traduisant les résultats statistiques de 45 ans.

ANNÉES	RENDEMENTS en quintaux par hectare	ANNÉES	RENDEMENTS en quintaux par hectare	ANNÉES	RENDEMENTS en quintaux par hectare
1880	22.2	1895	26.09	1910	28.74
1	21.25	6	23.60	1	31.61
2	21.15	7	21.54	2	30.40
3	21.34	8	30.58	3	30.16
4	18.85	9	25.11	4	34.16
1885	23.69	1900	26.65	1915	33.27
6	25.81	1	30.01	6	34.60
7	27.56	2	14.78	7	32.18
8	26.16	3	29.51	8	32.16
9	22.02	4	32.45	9	35.61
1890	28.47	1905	24.08	1920	36.76
1	25.14	6	29.03	1	32.00
2	27.30	7	30.69	2	35.12
3	28.05	8	32.30	3	32.01
4	27.83	9	32.45	4	33.07

Toutes les régions du Japon évidemment ne sont pas parvenues à des rendements satisfaisants. La carte schématique où ont été marquées les zones de divers rendements le montre.

POLITIQUE AGRICOLE

La politique agricole du Gouvernement s'est manifestée :

1° *Dans le domaine administratif* par l'organisation de son ministère, celle des conseils agricoles ;

2° *Dans le domaine technique* par l'organisation de la Station Impériale de Recherches Agronomiques et des Stations provinciales, lesquelles ont puissamment contribué à la vulgarisation des engrais, à l'emploi des meilleures semences, à la lutte contre les maladies ; par les améliorations foncières ; par l'enseignement ;

3° *Dans le domaine social*, par l'institution d'arbitres entre métayers et propriétaires, par l'établissement et le maintien des petits propriétaires et des fermiers, par la création et le développement des associations coopératives de crédit, d'achat, de vente, l'installation des entrepôts agricoles, des autres organes de crédit ;

4° *Dans le domaine commercial* par l'organisation des bourses, la législation concernant le riz, par celle des entrepôts d'État assurant le contrôle des prix, enfin par la règlementation des importations.

*
* *

POLITIQUE: DOMAINE ADMINISTRATIF

A. — ORGANISATION CENTRALE. — MINISTÈRE DE L'AGRICULTURE ET DES FORÊTS. — Ce département comprend les Directions dont l'énumération suit : 1° Affaires agricoles ; 2° Station Impériale de Recherches Agronomiques ; 3° Station du Thé ; 4° Station de la Soie ; 5° Condition de la Soie ; 6° Affaires concernant la Soie ; 7° Stations Horticoles ; 8° Stations Vétérinaires ; 9° Station d'Élevage ; 10° Affaires concernant les Haras et l'Élevage ; 11° Pâturages à moutons ; 12° Pâturages à chevaux.

LES AFFAIRES AGRICOLES. — Cette Direction comprend :

a) *La division de la Politique Agricole*, s'occupant des questions générales, des conseils agricoles, des divers groupements agricoles, des problèmes du métayage, de la stabilisation des petits propriétaires, des relations agricoles internationales ;

b) *La division de la Production Agricole*, chargée de promouvoir et contrôler les améliorations techniques, les accroissements de rendements par façons culturales appropriées et fumures, les augmentations de la qualité de certains produits (par exemple du thé) ; elle surveille les associations de vendeurs, contrôle les produits importés et exportés, s'occupe des aléas, maladies des plantes et parasites ; de l'outillage agricole ; de l'enseignement et des stations ;

Séchage de la récolte.

c) A la *Division des Spéculations Accessoires* incombent les études visant à l'amélioration de la situation des cultivateurs par le développement des petites industries, leur perfectionnement et leur groupement ;

d) *La division de Coopération* forme des sociétés coopératives élémentaires ; elle contrôle leurs groupements fédératifs et les entrepôts agricoles ;

e) *La division des Améliorations Foncières* étudie et encourage les irrigations, les dessèchements, les défrichements, d'une manière générale, la mise en valeur des terres ;

1) *La division de Comptabilité* cherche à déterminer le coût de la production, de celle du riz surtout. Elle s'occupe aussi de la fortune de l'Etat ; elle administre ses biens ;

2) *La division du Riz* contrôle le commerce du grain, en particulier l'importation et l'exportation, en liaison avec l'administration de la Douane. Un bureau spécial ne s'occupe que de la législation du riz.

STATION IMPÉRIALE DE RECHERCHES AGRONOMIQUES. — Cette station a pour objectifs généraux l'amélioration de la qualité et l'augmentation de la quantité des produits agricoles ; elle s'efforce de propager les meilleures méthodes de cultures, elle est chargée des enquêtes.

Son budget est 350.000 yens. Elle a deux sous-stations en province. Son activité se développe dans cinq voies :

1° Culture générale : amélioration des plantes, contrôle des rendements, météorologie, outillage agricole ;

2° Technologie : étude, classement, conservation, utilisation des produits ;

3° Entomologie : insectes utiles et insectes nuisibles aux cultures, biologie, insecticides, matériel d'emploi ;

4° Maladies des plantes : détermination, causes, lutte (bactéries utiles et nuisibles) ;

5° Agrologie : recherches sur la nature et la fertilité des sols, cartes agrologiques, bactériologie du sol, emploi et contrôle des engrais.

B. — ORGANISATION RÉGIONALE. — Le Japon est un pays développé tout en longueur et très accidenté ; son climat et son sol présentent de nombreuses particularités. Il était nécessaire pour le perfectionnement de l'agriculture de disposer d'organes d'action locaux adaptés aux divers lieux. Cette considération est à la base de l'organisation agricole provinciale placée sous l'autorité des Chefs de province et relevant de ce fait du Ministère de l'Intérieur. Elle comprend 5 branches :

a) La Technique Agricole avec ses Stations Agronomiques provinciales et l'Enseignement Agricole (Ecoles moyennes et supérieures) ;

b) La Politique Agricole, avec les Conseils agricoles ;

c) Le Commerce agricole, avec les Bureaux de Riz, les Entrepôts agricoles, les stocks :

d) Le Crédit agricole ;

e) Les Forêts.

Les stations et les écoles sont les organes les plus actifs. En 1900, le Gouvernement avait décidé en principe l'installation des stations et la réorganisation de l'enseignement agricole. Dix ans après, 36 provinces sur 47 avaient leur station agricole, avec un budget total de 2.249.000 yens, soit, en moyenne, 62.500 yen (76.250 $), la subvention de l'Etat à chaque station étant en moyenne 32.000 yens (39.000 $). Actuellement chaque province a sa station agricole. De ces établissements il convient de rapprocher les stations agronomiques privées, c'est-à-dire instituées grâce à des dotations particulières, telles celles de Okayama, avec son école, Gifu avec ses laboratoires d'entomologie.

Les Conseils agricoles. — A chaque unité territoriale correspond un conseil élu par les agriculteurs et dont le rôle est de rechercher les moyens d'améliorer les conditions techniques et sociales de la production. Ces organes représentatifs étaient, en mars 1924, au nombre de 12.231. Le tableau suivant montre leur répartition avec les budgets correspondants.

NATURE	NOMBRE	BUDGETS EN YENS
Conseil agricole d'empire	1	82.000
Conseils agricoles de provinces	47	2.042.000
Conseils agricoles d'arrondissements	561	7.810.000
Conseils agricoles de villes et de communes	11.622	15.238.000
	12.231	

Les dépenses globales de ces conseils étaient :

Administration .... 55 %

Charges .... 29 %

Bureaux .... 13 %

Réunions .... 3 %

POLITIQUE: DOMAINE TECHNIQUE

LA STATION IMPÉRIALE DE RECHERCHES AGRONOMIQUES. — HISTORIQUE. — La Station impériale date de 1890; à l'origine, c'était une ferme expérimentale provisoire dépendant du Département de l'Agriculture ; elle devint en 1893 une institution permanente et autonome. C'était dans le pays, le premier établissement pour l'expérimentation scientifique agricole. La Station fut dotée d'abord de 9 sous-stations, situées en des régions diverses et s'adonnant à des recherches intéressant l'agriculture locale. L'idée prévalut de séparer la recherche expérimentale de l'action démonstrative et éducative, à intensifier dans les provinces ; un réseau de stations et d'écoles fut prévu pour atteindre le dernier objectif. Ceci permit de supprimer les sous-stations de la Station Impériale, sauf la ferme expérimentale O-u) qui se consacra dès lors aux recherches agronomiques.

Une ferme expérimentale très importante a été établie pour elle à Konosu, près de Tokyo, compensant et au delà les pertes de moyens résultant de la suppression des sous-stations.

Elle a largement contribué à l'organisation rationnelle et au rapide progrès de l'agriculture japonaise, par ses observations dans le domaine de la pratique agricole comme dans celui de l'agriculture pure ; par ses succès dans l'amélioration des plantes, enfin par ses démonstrations et ses conseils.

ORGANISATION. — La Station est contrôlée par le Ministère de l'Agriculture et des Forêts. Sous la direction du Prof. Ando, y travaillent actuellement 24 spécialistes, 41 assistants, 4 commis et un nombre variable d'employés.

Les travaux de la station sont confiés à 6 divisions et 2 bureaux : Division de Génétique et Culture, Division de Chimie agricole, Division de Phytopathologie, Division d'Entomologie appliquée, Division des sols, Division des machines agricoles, Bureau des rapports, renseignements et publications. Autrefois, il y avait quatre divisions de plus : Élevage, Horticulture, Tabac, Thé. Elles ont été supprimées et remplacées par les stations indépendante spécialisées et placées sur le même plan que la Station Impériale de recherches.

Egrenage.

Programme des travaux. — 1° *Division de Génétique et de Culture*. — Etude génétique du riz, du blé, de l'orge, des patates, du soja. Créations de variétés. Sélection. Essais d'améliorations des méthodes culturales. Etude physiologique des plantes. Météorologie agricole ;

2° *Division de chimie agricole*. — Etude chimique et biologique des engrais naturels et artificiels, des eaux d'irrigation et de drainage, des produits de l'agriculture ; étude des microorganismes du sol et de ceux des engrais naturels ;

3° *Division de Phytopathologie*. — Etudes des maladies des plantes, des méthodes préventives et curatives ; application des fongicides ;

4° *Division d'Entomologie appliquée*. — Etude des insectes et animaux nuisibles, des méthodes de destruction ; protection de leurs ennemis naturels ; application des insecticides ;

5° *Division du sol.* — Prospection du sol, préparation et édition des cartes des sols ; améliorations des sols improductifs ; recherches sur la fertilité ;

6° *Division des machines agricoles.* — Amélioration et essai des machines.

En plus de ses travaux techniques la Station Impériale est chargée par le Ministre d'un rôle d'information et de propagande ; elle lui prépare ses rapports sur l'agriculture, elle mène certaines enquêtes, elle envoie des délégués aux congrès, elle renseigne le public. Les résultats des recherches sont publiés par des organes périodiques en langue japonaise, largement et gratuitement distribués. La Station publie aussi, dans l'intérêt de la science agricole mondiale, un bulletin écrit en langues européennes et l'envoie aux institutions agricoles des pays étrangers, généralement en échange de leurs propres publications.

Installations. — L'Établissement principal de la Station Impériale de Recherches Agronomiques est situé à Nishigahara Takinokawamachi, environ 7 kilomètres au nord du centre des affaires de Tôkyô ; elle est desservie par une ligne de tramways.

Les bâtiments, primitivement en bois, viennent d'être remplacés par une construction en béton armé, de 3 étages, couvrant 5.200 m2 et groupant les laboratoires, les bureaux, les collections, les bibliothèques et l'amphithéâtre. Les serres vitrées et grillagées, l'insectarium, un lysimètre, les magasins, construits à part, occupent près de 1.000 m2.

Les aménagements sont conçus pour la recherche personnelle plutôt que pour le travail en série. Les travailleurs sont isolés chacun dans un laboratoire clos, où ils ont sous la main tout ce qui est nécessaire : courant électrique, chauffage, refroidissement, gaz, vide, eau, eau distillée. Les sous-sols contiennent l'installation électrique (centrale), les compresseurs, les chambres froides, la fabrique électrique d'eau distillée, les réserves et magasins, les ateliers.

Des salles de balances, des salles de chauffage, des laboratoires à ammoniaque, des chambres noires, des cabinets pour mesures physiques, des laveries se trouvent à tous les étages, d'ailleurs reliés par des monte-charges.

Les fermes expérimentales. — Il y a deux fermes expérimentales dépendant de la station : *Konosu* et *O-u*

La première est située à *Konosu*, dans la province de Saitama, à peu près à 1 heure 1/2 de Tôkyô, dans une région cultivée en riz et en blé. Elle a été achetée en 1923 et couvre (y compris l'emplacement des

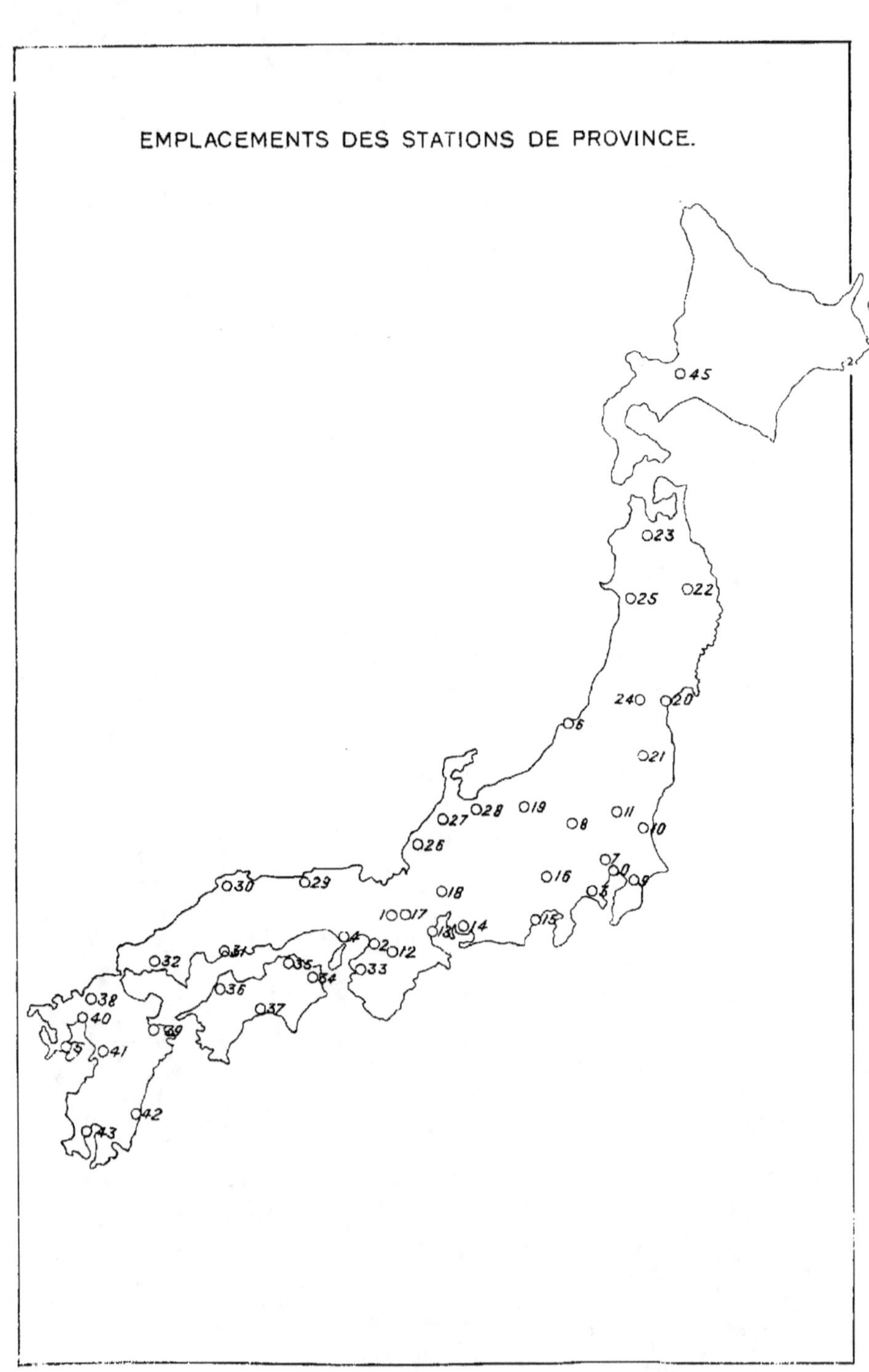

EMPLACEMENTS DES STATIONS DE PROVINCE.

bàtiments; environ 18 hectares de champs de coles variées ; la partie
haute est facilement drainée, une moto-pompe évacuant l'eau et auto-
matiquement mise en route quand le niveau de celle-ci atteint une cote
déterminée dans le sous-sol ; la partie basse peut être irriguée. Les constructions sont en bois ; elles couvrent 3.400 m2 non compris les serres
chaudes, froides, vitrées et grillagées. La ferme de Konosu est dévolue
principalement à l'amélioration des céréales, aux expériences culturales,
à l'essai des machines agricoles.

Génétique. — La station contient une collection des 400 principales
variétés japonaises de riz et de nombreuses variétés étrangères, de Chine,
d'Indochine, d'Inde, d'Amérique. Le riz étant considéré comme une
plante autogame, les variétés sont cultivées côté à côte sans isolement.
Les riz cultivés sont soit des lignées pures de variétés, soit des hybrides :
les croisements artificiels ont été réalisés en vue d'augmenter le rendement, d'améliorer la qualité, d'accuser la résistance aux maladies,
de modifier la durée de l'évolution ou la tenue d'une variété par ailleurs intéressante. A la Station de Konosu sont cultivées les générations
d'hybrides F1, F2, F3 seulement. Le produit de F3 est réparti entre les
47 stations des provinces pour essai de culture pratique. Les difficultés
résultant des décalages entre les dates de floraison sont tournées par
culture sous cloches à l'abri de la lumière solaire ou par éclairement
artificiel de nuit. La conservation des types originaux est assurée par
multiplication à partir des organes végétatifs (chaumes ou racines) en
serre irriguée.

Culture. — Les expériences intéressant le riz touchent surtout la place
des opérations culturales dans le cours de l'année et l'écartement des
plantes, influençant le tallage ; celui-ci est anatomiquement étudié par
dissection des touffes.

Machines. — Les machines les plus intéressantes sont les machines à
battre et les machines à décortiquer à la ferme.

La ferme expérimentale de O-u est située à Omagari, province de Akita
à peu près à 14 heures de Tōkyō. Elle comprend 5 hectares de terre
cultivée, sèche ou inondée et environ 12 ha. de prairies. Les bâtiments,
en bois, couvrent une surface totale de 2.155 m2. Son programme em-
brasse la génétique des plantes et les améliorations culturales intéressant
la partie Nord-Est du Japon : on y étudie spécialement les prairies.

STATIONS AGRICOLES DES PROVINCES. — La carte ci-contre montre la
situation des 47 stations agricoles des provinces, naturellement dans les
zones basses et rizicoles.

Administrativement, elles relèvent du Ministère de l'Intérieur. Techniquement elles travaillent en liaison étroite avec la Station Impériale de Recherches Agronomiques, et avec les Facultés d'Agriculture les plus voisines. Leurs installations sont de caractère modeste, mais suffisantes pour les travaux qu'elles poursuivent et adaptées au milieu rural qui constitue leur clientèle. Elles tiennent à la fois de la ferme, de l'école et du service administratif. En effet elles cultivent directement ; les cultivateurs les visitent fréquemment ; ils trouvent dans leurs bâtiments un lieu de réunion et une salle de classe avec tableaux noirs, échantillons, planches murales dessinées et coloriées, facilitant l'explication et la compréhension ; enfin elles assurent un service provincial qui exige des bureaux. Leur importance varie avec les régions ; la moyenne de leurs budgets est d'environ 60.000 yens. Certaine a le triple, par exemple 50.000 yens pour le personnel, 100.000 yens pour le matériel, mais un effectif de 120 personnes dont 80 ouvriers.

Leur surface est comprise entre 5 et 20 ha. Leurs services techniques comprennent principalement une division de chimie et une division de génétique.

La carte agrologique d'ensemble du Japon éditée par la Station Impériale est surtout basée sur la géologie. Les stations provinciales détaillent l'étude et précisent les limites et la nature des zones. Chacune a un poste météorologique. En résumé, elles complètent la notion du milieu dans lequel elles opèrent. Les méthodes suivies par leurs laboratoires de chimie ne diffèrent pas grandement de celles de la station impériale ; le PH est déterminé par colorants au lieu de potentiomètre ; l'analyse mécanique est faite soit par appareil de Schöne soit par cylindre d'Atterberg.

Deux points essentiels de leur programme sont les essais d'engrais et la sélection des semences. Toutes sont parvenues à déterminer les formules de fertilisants qui conviennent au sol de leur région, aux combinaisons culturales qui y sont pratiquées, aux ressources du pays. Ces points acquis, elles passent à l'expérimentation d'engrais commerciaux complexes tels Nitrophoska, Leunaphos, Ammophos ou mettent en comparaison le sulfate de potasse, depuis longtemps connu au Japon, d'origine allemande et le chlorure de potassium, nouvellement introduit venant d'Alsace ; ou encore elles cherchent la relation liant la qualité du grain à la nature et la quantité des divers fertilisants.

Dès longtemps, toutes se sont appliquées à l'étude des populations de riz cultivées dans leurs régions et se sont efforcées d'en isoler par sélection généalogique les variétés élémentaires. Pour chacune de celles-ci a été établie une fiche signalétique. Les Stations ont ensuite dressé des tableaux annuels de classement des variétés, par productivité et qualité contrôlées en chaque village pendant plusieurs années. Ce travail les a conduites à éliminer des variétés et à en préconiser d'autres. Ainsi, d'après le Chef de la Station de Niigata, les 176.000 cho de rizières de cette province étaient occupées par plus de 1.000 variétés, dont 14 seulement ont été retenues. Parmi celles-ci, quatre, considérées comme les meilleures, sélectionnées par lignée pure et propagées, occupent actuellement 1/3 des rizières de la province.

Dans l'ensemble, l'étude des variétés locales paraît très avancée, sinon achevée et les essais d'hybridation sont à l'ordre du jour.

La Station Impériale de Recherches Agronomiques envoie depuis quelques années des hybrides obtenus à Konosu pour essais de culture.

Les stations provinciales jouent un rôle très actif dans la propagation des semences qu'elles considèrent comme les meilleures. Elles cultivent directement sur leurs domaines de 5 à 10 hectares ; le grain récolté sert principalement à ensemencer plusieurs milliers de champs de multiplication, installés chez des particuliers, en situations très variées. La récolte de ces multiples parcelles est distribuée aux autres cultivateurs. Le but envisagé est de fournir la semence à 70 % des rizières avec un seul relai.

L'Enseignement agricole. — L'instruction primaire est obligatoire pour tous les Japanais. Elle dure 6 ans. Les enfants commencent à fréquenter l'école vers l'âge de 7 ans.

Le Lycée les prend après. Les études y durent 6 ans. Les élèves entrent ensuite au Lycée supérieur et y suivent soit l'enseignement littéraire soit l'enseignement scientifique. Ils y passent 4 ans et apprennent deux langues occidentales, dont obligatoirement l'Anglais et, à leur choix le Français ou l'Allemand. Il y a des Lycées supérieurs de l'Etat et d'autres privés. A sa sortie d'un Lycée supérieur, l'étudiant reçoit un diplôme qui lui ouvre l'entrée des Universités. Sur 38 Universités, 6 seulement sont impériales. Les privées jouissent du même prestige et des mêmes droits que les autres. Les Universités comprennent divers collèges : Droit, Médecine, Génie, Littérature, Sciences, Agriculture, Economie. Les Universités de Tokyo, Kyoto, Kyushu, Hokkaïdo ont des Collèges d'Agriculture fréquentés par 16 % de leurs étudiants. Après 3 ou 4 ans d'études, ceux qui subissent avec succès les examens de sortie reçoivent le titre de Hakushi (Docteur). Ils ont normalement 24 ans.

Après un an de service militaire, ils peuvent entrer dans les services techniques de l'agriculture, comme assistants, avec une solde très voisine de celle d'un Agent technique stagiaire des Services agricoles de l'Indochine ; mais ils ont d'autres perspectives d'avenir.

En dehors de cet enseignement universitaire agricole, le Japon a un enseignement technique agricole, comprenant : 1° 170 écoles, publiques et privées, spécialisées (agriculture, pêche, commerce, navigation, etc.), divisées en trois cours pour des élèves de 12 à 13 ans, — de 12 à 15 ans, — de 14 à 17 ans. Elles dispensent à 34.000 élèves des notions pratiques d'agriculture ; 2° 7 écoles supérieures distribuent à 2.000 élèves environ, pendant 4 ans et souvent plus, un enseignement beaucoup plus complet, qui en fait des agriculteurs éclairés.

RÉSULTATS OBTENUS DANS LE DOMAINE TECHNIQUE. — De 1880 à 1924, le rendement des rizières est passé de 11 à 12 koku par cho à 18, croissant de 50 % au moins. Ce résultat est attribué à l'emploi généralisé des engrais, basé sur une connaissance agrologique du pays très poussée, à l'amélioration des plantes cultivées, à la lutte contre les maladies et les insectes. Les pages qui suivent donnent des précisions sur ces points spéciaux.

*
* *

Méthode d'analyse des sols.

Les méthodes suivies dans les laboratoires de la Station Impériale de Recherches Agronomiques ont paru intéressantes à noter dans un moment où se pose la grave question de fixer pour un temps un protocole analytique des travaux confiés aux laboratoires agrologiques nouvellement équipés en Indochine.

En voici les points essentiels.

A) *Analyse chimique*. — Le sol est attaqué avec acide chlorhydrique (HCl) bouillant de densité 1,15, ainsi que le prescrit König dans son ouvrage « Untersuchungen landwistschaftlische... » V^e édition, Tome 1, page 52.

Une exception est faite pour la silice, laquelle est solubilisée dans le carbonate de sodium ($CO_3 Na_2$). Le résidu laissé après l'attaque par HCl est traité comme suit : 2 gr. sont mis à bouillir avec 50 de $CO_3 Na_2$ en solution à 10 %, au bain de sable pendant 30 minutes en ajoutant de l'eau de temps en temps pour maintenir la concentration initiale. Après repos, le liquide surnageant est décanté sur un filtre et le résidu est repris comme il vient d'être dit. Enfin la silice est dosée dans le filtrat par la méthode usuelle.

Détermination de l'oxyde de fer ($Fe_2 O_3$) + l'alumine ($Al_2 O_3$) + l'acide phosphorique ($P_2 O_5$). Ces trois corps sont précipités à froid par l'ammoniaque (NH_3) et la séparation de chacun d'eux se fait suivant la méthode décrite dans Treadwell (« analytical chim. », volume II, page 107 et suivantes).

La détermination de l'acidité du sol est conduite conformément à la méthode de Daikuhara.

Celle des disponibilités en acide phosphorique (P² O⁵) et en potasse (K² O) est faite comme il est spécifié dans le bulletin 107 (1907) de l'*American bureau of Chemistry* ». Mais au lieu de No³ H, $\frac{N}{5}$ indiqué dans le document original, on emploie au Japon Hcl, $\frac{N}{5}$. Quelques opérateurs suivent la méthode de Dyer, et emploient comme solvant l'acide citrique à 1 %.

Le pouvoir d'absorption de N et de P² O⁵ est déterminé par mise en contact pendant 24 heures de 25 gr. de sol et de 50 c.c. d'une solution à 2,5% de phosphate d'ammonium.

Ci-dessous un type de bulletin d'analyse (tableau n° 1).

Analyse mécanique. — La séparation des particules du sol est faite par la méthode de Schöne (Voir König. *Op. Cit*, Vᵉ édition, volume I, page 14). Les fractions de sol sont indiquées dans le tableau ci-après (tableau nᵒ II).

Analyse physique. — Enfin suit un type de bulletin d'analyse physique (tableau nᵒ III).

Locality . . . .

Remarks . . . .

ANALYTICAL RESULT N° . . . . . .

CONSTITUENTS	Applied C. C.	Corresp. gr.	Found gr	Sought	Air dry %	Dried % at 110°C
Moisture						
Comb. H2 O + Org. M.						
C. (in Humus)						
Total N.						
Residue at 110° C						
Residue ignited.						
Insoluble Residue						
SiO2 Sol. in Hcl.						
in Na2 CO3						
Sum of Si O2						
Al2 O3 + Fe2 O3						
Al2 O3						
Fe2 O3						
FeO						
Mn2 O3						
CaO						
MgO						
P2 O5						
SO3						
K2 O						
Na2 O						
Cl						
SiO2 fluxed by SO3						
Al2 O3						
Fe2 O3 —						
Alkalinity						
Acidity						
Available P2 O5						
K2 O						

	Found gr	C. C.	Corresp C. C.	in 100 C. C. Stand Solution	Absorbed M.g.	Absorption Coefficient	Colour Réaction
Absorptive Power { N / P2 O5							

Date . . . .

Signature . . . .

Kind of soil . . . .

Locality . . . .

RESULT OF MECHANICAL ANALYSIS

Total weight of Original soil gr. . . . .

	Gr.	%

Gravels over 10 mm. . . . .
      10-8 mm. . . . .
      8-6 mm. . . . .
      6-4 mm. . . . .
   Sum of gravels . . . .
Fine soil percent in Original soil . . . .
     Sample applied gr . . . .

Fine soil consist of :   Gr.   %

      4-3 mm. . . . .
      3-2 . . . .
      2-1 mm. . . . .
      1-0.5 mm. . . . .
      0.5-0.25 mm. . . . .
      0.25-0.10 mm. . . . .
      0.10-0.05 mm. . . . .
      0.05-0.01 mm . . . .
      0.01   mm. . . . .

(*Fine earthy parts* bracket spanning 0.5-0.25 through 0.01 mm)

Fine-earthy parts percent in Original soil . . . .
  —   —   Fine soil . . . .

Percentage of fine-earthy parts.

      0.5-0.25 mm. . . . .
      0.25-0.10 mm. . . . .
      0.10-0.05 mm. . . . .
      0.05-01 mm. . . . .
      0.01 mm. . . . .

Remarks :

Kind of Soil ....

Locality .... *Date* ....

Remarks .... *Signature* ....

RESULT OF PHYSICAL EXPERIMENT OF SOIL
(Volume Weight, Specific Gravity, Water Capacity).

WEIGHT OF 100 C. C. OF SOIL	LOOSE	COMPACT
Cylinder + Soil	......	......
Cylinder	......	......
Soil 1	......	......
2	......	......
3	......	......
4	......	......
5	......	......
6	......	......
7	......	......
8	......	......
9	......	......
10	......	......
Sum	......	......
Average	......	......
Difference from average	......	......
Max.	......	......
Mini.	......	......

WATER CAPACITY	LOOSE	COMPACT
Glass cylinder + Soil	......	......
—	......	......
Soil	......	......
(a) Crucible + wet Soil.	......	......
Crucible weight.	......	......
Wet Soil applied.	......	......
(a) Crucible + dry Soil	......	......
Crucible weight	......	......
Dry Soil.	......	......
(b) Crucible + wet Soil	......	......
Crucible weight	......	......
Wet Soil applied.	......	......
(b) Crucible + dry Soil.	......	......
Crucible weight	......	......
Dry Soil	......	......
(a) Water Capacity, weight %	......	......
(b)	......	......

SPECIFIC GRAVITY

Hygros. water Estimation.

Crucible + air dry Soil ....

Crucible weight ....

Air dry Soil applied ....

Crucible + dry Soil ....

Crucible weight ....

Dry Soil ....

Weight of dry soil applied ....

Weight of Picnometer + H2O ....

Sum ....

Wt. of Picnometer + H2O + Soil ....

Difference ....

$$\text{Specific Gravity} = \frac{\text{Dry Soil}}{\text{Difference}}$$

100 gr. of Soil Settled in + Water = ... C. C.

100 C. C. of Soil under Water = ... gr.

VOLUME WEIGHT	LOOSE	COMPACT
(Apparent Specific Gravity).		
$\dfrac{\text{Weight of } 100 \text{ C. C.} - \text{Hygros. } H_2O}{100} \cdot \text{Vol. Weight.}$		
100 gr air dry Soil contain hygr. H2O	......	......
100 C. C. air dry Soil contain ...... Hygr. H2O	......	......
Solid Parts and Pores.		
$\text{Solid parts } \% = \dfrac{\text{Vol. Wt} \times 100}{\text{Sp. Gravity}}$	......	......
Pores % = 100 — Solid Parts	......	......
Water Capacity of Volume		
Water Capacity, Weight % × by Volume Weight.	......	......
Air Content.		
(a) In air dry Soil = Pores % — Hygros. H2 O	......	......
(b) In Water Staturated Soil = Pores % — Water Capacity, Vol. %	......	......
Time required for imbibing water to the height of 10 cm. in Glass Cylinder.	......	......

Emploi des engrais.

Engrais en général. — Les dépenses d'engrais sont libéralement consenties par le cultivateur. Les fumiers d'étable sont assez abondants et rassemblés, donc soignés. Rien n'est perdu. L'engrais humain, liquide ou délayé, est largement employé. Les chemins qui relient les villes à la campagne sont encombrés de théories de chariots bas et longs portant des bacs qui en sont pleins. Les matières organiques végétales, recueillies hors des champs, y sont apportées et épandues. Des engrais verts sont cultivés sur 15 % environ des terres arables. Leur produit n'est pas entièrement enfoui sur place. Les 40 tonnes de matière verte obtenues d'un hectare sont réparties. La plante la plus cultivée comme engrais vert est le *Genge*. (*Astragalus sinensis*), légumineuse papillonacée herbacée, trapue, rameuse et inerme. On la sème dans les rizières environ deux mois avant la maturité du riz ; elle a le temps de pousser ses racines avant la moisson : après elle prend complètement possession du sol. On la fauche et l'enfouit avant la préparation des rizières pour le repiquage.

Il y a d'autres plantes cultivées comme engrais vert : à Kyoto a été signalée une luzerne. *Medicago denticulata*.

Les Japonais utilisent beaucoup comme engrais, des tourteaux, en particulier tourteaux de soja. Les importations atteignent annuellement 420.000 tonnes de soja ; celles de tourteaux de soja dépasseraient 800.000 tonnes provenant principalement du Kwantung ; on en cultive aussi un peu.

Les engrais de poissons sont fort estimés. Il s'en fait annuellement plus de 225.000 tonnes.

Parmi les amendements et engrais minéraux, les cendres sont peut être les seuls engrais naturels et du crû qui soient utilisés. Certains professeurs préconisent l'emploi d'amendements calcaires. Il ne paraissent guère suivis. Par ailleurs, les engrais minéraux généralement employés sont le sulfate d'ammoniaque, le superphosphate de chaux, le sulfate de potasse. Le sulfate d'ammoniaque importé atteint près de 400.000 tonnes ; il vient pour moitié d'Allemagne et pour un quart d'Angleterre.

Les phosphates (phosphorites) importés viennent surtout des U. S. A. (un tiers) ; leur masse est 550.000 tonnes.

Les sels de potasse viennent d'Allemagne, pour le sulfate et de France (Alsace) pour les chlorures.

Le tableau ci-après montre le développement des importations de fertilisants depuis 1922. Il met aussi en évidence la place chaque année plus grande prise par la production locale sur le marché.

QUANTITÉS D'ENGRAIS IMPORTÉS AU JAPON (NON COMPRIS FORMOSE ET CORÉE) DE 1922 A 1929 EN TONNES

	1922	1923	1924	1925	1926	1927	1928	1929
Sulfate d'ammoniaque ..	92.284	144.574	153.154	201.928	287.052	247.374	282.227	377.639
Nitrate de soude	52.447	625.53	40.110	37.709	51.234	52.239	52.225	87.866
Sulfate de potasse	7.428	4.341	12.812	21.625	26.465	31.001	35.075	53.774
Chlorure —	»	»	»	»	»	»	21.924	27.368
Phosphates naturels ..	282.428	154.428	262.964	256.124	403.548	403.999	469.555	554.635
Os d'animaux	23.529	32.189	32.411	30.330	36.924	21.233	14.278	34.431
Farine d'os	40.429	41.623	42.815	43.206	36.308	37.302	35.710	39.688
Tourteaux de soja	1.093.250	1.626.920	1.101.730	998.213	1.255.572	1.175.976	993.783	825.375
Tourteaux de coton	24.719	53.704	42.195	62.170	57.478	59.782	51.764	58.411
Tourteaux de colza	70.519	76.943	89.484	35.644	97.593	64.285	87.426	69.181
Autres tourteaux oléagineux	10.704	13.399	12.461	11.455	20.221	16.490	18.743	32.192
Guano de poisson	22.190	24.329	15.176	16.777	19.548	4.528	21.924	?
Autres engrais	162.317	?	?	?	?	31.616	42.613	105.661
Importation totale	1.892.643	1.830.500	1.305.312	1.765.397	2.291.742	2.153.025	2.107.247	

	1922	1923	1924	1925	1926	1927	1928	1929
Production locale :	1.134.000	1.139.000	1.213.000	1.359.000	1.582.000	1.680.000	1.850.000	

Parmi les sociétés fabriquant des engrais au Japon, mention spéciale doit être faite de *Dai Nippon Hiryo C°* qui produit des engrais complexes

La fondation de cette société remonte à 1887. Elle a 15 usines au Japon où elle fabrique des superphosphates, des engrais composés, du sulfate d'ammoniaque et de nombreux produits chimiques parmi lesquels l'acide sulfurique, la soude, le chlorure de manganèse, le chlorure de zinc, l'ammoniaque, etc...

a: Superphosphate : fabrication annuelle 700.000 tonnes de 15%, 18 % — 20 % (la production totale du Japon est d'environ un million de tonnes). L'acide sulfurique nécessaire à la fabrication est produit à partir de pyrites du Japon. Les phosphates naturels sont achetés au Maroc, en Algérie, en Hongrie, aux Christmas Isles, aux Iles Sandwich en Amérique, dans les Iles de la mer du Sud (Japon).

b: Kaliphos : Engrais composé. Combinaison chimique de K_2O et P_2O_5 obtenue en traitant des phosphates naturels et du sulfate de potasse, par l'acide sulfurique. L'engrais présente plusieurs compositions :

P_2O_5	5-10%	18 %	18 %	30 %
K_2O	5 %	10 %	15 %	30 %

c : « Mitsu-Ho » : engrais composé contenant les 3 éléments, N, P_2O_5, K_2O produit de la façon suivante :

Superphosphate + Sulfate de potasse = Phosphate de
potassium + P_2O_5 libre.

Ce P_2O_5 libre est neutralisé par l'ammoniaque. La composition de cet engrais est $N = 8$, $P_2O_5 = 8$, $K_2O = 5$.

La fabrication annuelle est de 100.000 tonnes.

La Société Dai Nippon Jinzo étudie actuellement un procédé de fabrication à partir du chlorure de potassium.

Engrais en riziculture. — Tout en reconnaissant l'efficacité d'engrais complexes on emploie plutôt les engrais chimiques simples.

Les fumures minérales des rizières contiennent de 70 à 125 kilogs. d'azote, de 55 à 70 kilogs de P_2O_5 de 30 à 55 kilogs de K_2O. Elles sont un supplément à une abondante fumure organique.

Il convient d'insister sur ce fait qu'une partie des engrais est appliquée aux rizières avant le repiquage, le complément étant apporté un mois après cette dernière opération.

Il a paru intéressant de noter quelques formules pratiquement employées dans diverses régions du Japon.

1° *Fertilisation des pépinières.*

	QUANTITÉS APPLIQUÉES	
	Momme par tsubo	Kilo par ha.
Nord.		
Sulfate d'ammoniaque	90	1.026
Sulfate de potasse	50	570
Cendres de bois	50	570
Centre.		
Engrais humain liquide	960	10.944
Superphosphate	20	228
Cendres de bois	35	399
Sud.		
Tourteau de soja	90	1.026
Superphosphate	35	399
Cendres de bois	100	1.140

2° *Fertilisation des rizières.*

	QUANTITÉS APPLIQUÉES	
	Kwan par tan	Kilo par ha
Nord (Hokaido).		
Fumier de ferme	300	11.340
Superphosphate	5	189
Engrais de poisson	8	302

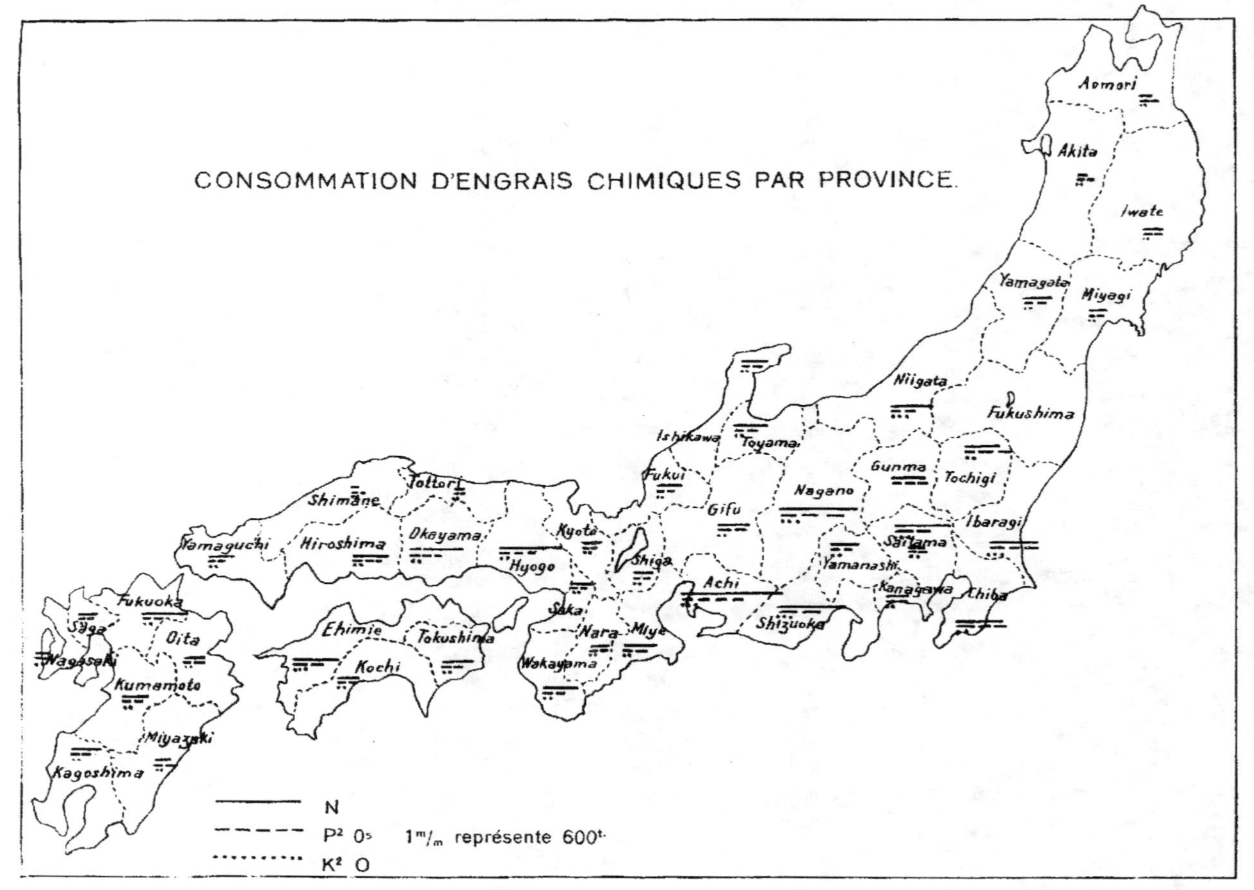

CONSOMMATION D'ENGRAIS CHIMIQUES PAR PROVINCE.
Aomori
Akita
Iwate
Yamagata
Miyagi
Niigata
Fukushima
Ishikawa
Toyama
Fukui
Gunma
Tochigi
Nagano
Ibaragi
Shimane
Tottori
Gifu
Okayama
Kyoto
Saitama
Yamaguchi
Hiroshima
Hyogo
Shiga
Yamanashi
Achi
Kanagawa
Chiba
Fukuoka
Shizuoka
Saga
Ehimie
Tokushima
Saka
Nara
Miye
Nagasaki
Oita
Kochi
Wakayama
Kumamoto
Miyazaki
Kagoshima
N
P² O⁵
1 m/m représente 600ᵗ
K² O

2° Fertilisation des rizières (suite).

	QUANTITÉS APPLIQUÉES	
	Momme par tsubo	Kilo par ha
Nord (Hondo).		
Fumier de ferme	300	11.340
Sulfate d'ammoniaque	2,5	95
Superphosphate	6	226
Cendres de bois	10	378
Centre (Tokyo).		
Fumier de ferme	200	7.560
Sulfate d'ammoniaque	3	113
Tourteaux de soja	10	378
Superphosphate	8	302
Sulfate de potasse	5	189
Centre (Kyoto).		
Fumier de ferme	300	11.340
Sulfate d'ammoniaque	2	75
Tourteau de soja	20	756
Superphosphate	5	189
Cendres de bois	20	756
Sud (Kiousiou).		
Fumier de ferme	250	9.450
Sulfate d'ammoniaque	6	226
Tourteau de soja	15	.567
Superphosphate	15	567
Cendres de bois	30	1.134

Les cendres sont d'un emploi courant dans le Sud, où même l'on emploie souvent une tonne de chaux à l'hectare. Ces quantités d'engrais paraissent très fortes, en comparaison des fumures pratiquées en Indochine. Elles sont, sauf pour le sulfate d'ammoniaque du même ordre de grandeur que celles employées dans les champs de démonstration des stations agricoles japonaises, dont voici trois exemples de calcul possible puisque composées de matières bien définies.

	QUANTITÉS APPLIQUÉES		TENEURS % estimées			APPORT D'ÉLÉMENTS fertilisants en kilogs par ha		
	Kwan par tan	Kilogs par Ha	N	P2 O	K2 O	N	P2 O5	K2 O
A) *Littoral Nord (au Nord de Niigata).*								
Sulfate d'am.	7.5	283	20			7		
Superphosphate ..	7.69	290		18			52	
Sels de potasse ..	3.06	115			50			58
						57	52	58
B. *Pied des hauteurs au Nord de la plaine de Saitama.*								
Sulfate d'am.	15	567	20			113		
Superphosphate ..	15.4	582		18			104	
Sels de potasse ..	6	226			50			113
						113	104	113
C) *Littoral au Nord du lac Biwa.*								
Sulfate d'am.	9	340	20			68		
Superphosphate ..	10	378		18			68	
Sels de potasse ..	4	151			50			75
						68	68	75

La moyenne des quantités par hectare des divers engrais chimiques figurant dans les trois formules ci-dessus est :

Sulfate d'ammoniaque 397 kgs contenant 79 kgs de N, superphosphate 417 kgs contenant 75 kgs de P2 O5, sels de potasse 164 kgs contenant 82 kgs de K2 O.

Tous les éléments fertilisants ne sont pas, dans la pratique, apportés à la fois sous forme d'engrais chimiques. Il n'en est pas moins vrai que les impenses consenties au titre de la fertilisation des terres sont très importantes. Elles ne sont possibles que grâce aux rendements élevés des cultures et aux prix du riz. Le paysan dépense couramment 10 yens d'engrais par tan (123 $ par ha.) ; les coopératives du crédit prêtent sans garantie à court terme 20 yens par tan de rizière. Cette surface donne à peu près 2 koku valant 28 yens l'un, soit 56 yens (683 $ par ha.).

Il y a naturellement des relations entre les formules d'engrais admises et la nature des terres, leur aménagement, le climat de leur situation, les exigences des variétés culturales, l'assolement suivi et la place qu'y tiennent les engrais verts, les ressources naturelles du pays. La multiplicité des stations, le degré d'avancement de la carte agrologique du pays, la limitation relative des variétés suivies, ont permis de déterminer expérimentalement les formules les meilleures, dont quelques types préconisés ont été donnés ci-dessus. Il serait vain de chercher à en dégager une loi et de la vouloir appliquer, ailleurs, à priori, en des conditions non comparables.

Un fait assez intéressant à noter est que les impenses d'engrais croissent du Nord au Sud, en même temps que la durée d'évolution des cultures s'allonge.

| | N | P2 O5 | K2 O |
	Kwan par tan	Kwan par tan	Kwan par tan
Hokaïdo	2.1/4	2.1/4	1.1/2
Nord du Japon propre	3.1/3	1.1/2	1.9
Tokyo	3.2	2.8	2.7
Kyoto	3.3	3.	2.1
Kiousiou	3.9	4.9	3.5

*
* *

Amélioration des plantes.

Il y a quinze ans, les sortes de riz cultivées au Japon étaient encore très nombreuses. La Station exprimentale de recherches agronomiques en avait réuni une collection de plus de 4.000 dont près d'un millier de types très différents.

Une action systématique pour l'amélioration des plantes sous le contrôle de cet établissement, fut décidée par le Gouvernement.

Le premier temps de cette action a été marqué par la culture comparée, dans chacune des stations de provinces, de toutes les sortes locales qui avaient d'ailleurs été probablement l'objet de la part des cultivateurs d'une sélection massale. Il s'agissait de déterminer celles qui étaient le mieux adaptées au milieu particulier de la région et qui fournissaient les plus forts rendements. Ces sortes de choix ont été recommandées aux cultivateurs. Elles étaient au nombre de 331.

36 d'entre elles rendaient 2.500 à 3.000 kgs de riz décortiqué par ha.

102	—	3.000 à 3.500 kgs	—
126	—	3.500 à 4.000 kgs	—
48	—	4.000 à 4.500 kgs	—
16	—	4.500 à 5.000 kgs	—
3	—	5.000 à 5.500 kgs	—

Le second temps de l'action a été la sélection généalogique, opérée dans chacune des stations de province, des sortes en question, qui se trouvèrent remplacées par 261 variétés pures. Cette opération a procuré une augmentation de rendement de 10 % environ dans l'ensemble (320 kgs de riz décortiqué) :

119 variétés avaient par rapport aux populations d'où elles étaient isolées un rendement accru de ......   2.5 à 7.5 %

94 variétés			7.5 à 12.5 %
34 variétés			12.5 à 17.5 %
9 variétés	—	—	17.5 à 22.5 %
4 variétés	—	—	22.5 à 27.5 %
1 variété	—	—	27.5 à 32.5 %

Les variétés en question ont été multipliées et propagées.

Le troisième temps de l'action — le temps actuel — est dévolu à la création des variétés hybrides.

Le travail a été organisé d'abord à la Station Impériale de Recherches Agronomiques (Konosu), où la technique a été précisée, le personnel spécial formé. Depuis, l'ensemble du pays a été divisé en secteurs correspondant, plus exactement que les stations de provinces, à des milieux nettement différenciés. Chaque secteur est pourvu d'une section génétique de riz (pouvant être d'ailleurs une station provinciale).

Des hybrides sont créés à la Station Impériale et dans les Stations de secteurs à partir de variétés pures, ou hybrides déjà obtenus. Ils n'y sont, sauf pour collection, cultivés que pendant trois ou quatre générations ; ils sont ensuite passés aux autres stations (Stations provinciales en particulier) qui les cultivent en comparaison avec les variétés locales pour contrôler leur rendement et déterminer leur aptitude aux conditions de milieu particulier où ils sont placés.

Les relèvements de rendements obtenus par hybridation sont supérieurs à ceux obtenus par sélection pédigrée. Sur 20 variétés nouvelles, par rapport aux rendements de leurs parents :

7 ont procuré un accroissement de		7,5 à 12,5 %
6	—		12,5 à 17,5 %
4	—		17,5 à 22,5 %
2	—		22,5 à 27,5 %
1	—		32,5 à 37,5 %

soit en moyenne 16 % (environ 560 kgs de riz décortiqué par hectare).

L'accroissement des rendements n'est d'ailleurs pas le seul but recherché par l'hybridation : mais tout autant la qualité du grain, la résistance aux maladies, la précocité, permettant de lutter contre des aléas ou d'étendre les cultures à des régions peu favorables, l'aptitude à utiliser les fortes fumures.

*
* *

Lutte contre les insectes et les maladies.

La lutte contre les insectes ennemis du riz et les maladies occupe sérieusement les services techniques de l'agriculture au Japon. Non seulement à la Station Impériale de Recherches Agronomiques, mais aussi dans nombre de stations provinciales se trouvent des laboratoires bien outillés et de riches collections confiées à des phytopathologistes et des entomologistes — qui s'intéressent au riz autant, sinon plus qu'au autres plantes cultivées. Des insectes, on repère les zones qu'ils ravagent et on évalue leurs dégâts, on reconnaît le cycle de leur vie et les particularités de leurs générations en chaque région, le mode de leurs attaques, les circonstances qui les favorisent, leurs plantes-hôtes de riz, leur ennemis naturels. Les méthodes de lutte préconisées sont connues des cultivateurs et suivies dans la mesure du possible avec l'aide des enfants des écoles.

Pour les maladies, on s'attache également à déterminer les régions fréquemment atteintes, à chiffrer les pertes causées. Ces évaluations ont le mérite d'éveiller l'attention des intéressés. Les conditions favorables au développement des maladies sont soigneusement observées et signalées. Les mesures préventives ou curatives à prendre sont connues, souvent rappelées, assez observées. Les variétés de riz sont classées, en chaque région, suivant leur plus ou moins grande résistance aux diverses maladies. Les génétistes cherchent à créer des hybrides résistants. L'influence des amendements et des diverses formules d'engrais est étudiée. La désinfection des semences est fréquente. L'application des fongicides est aussi courante en pépinière que la chasse aux insectes. Le cultivateur accepte d'arracher et de détruire des plantes malades.

Il faut reconnaître que certains soins, compatibles avec une population dense et une culture très morcelée seraient, pour une partie, inapplicables en des pays où une famille exploite dix hectares. Mais cette remarque n'est pas opposable à des mesures générales, telles la sélection de variétés résistantes, la désinfection des semences, les soins aux pépinières, le déchaumage.

Parmi les insectes les plus importants, sont Chïlo simplex ; Schoenobius incertellus ; Nonagria inferns ; Parnara guttata. Les maladies les plus redoutées sont Piricularia orizae ; Helminthosporium orizae ; Pseudomonas orizae ; Sclerotium orizae.

LES AMÉLIORATIONS FONCIÈRES. — A peu près le cinquième des rizières de tout le Japon propre souffre d'un drainage défectueux ; un autre cinquième est périodiquement inondé ; un quart enfin gagnerait à une meilleure irrigation, soit pendant la campagne du riz soit pendant la saison sèche. Des travaux de drainage, des constructions de réservoirs et de canaux sont progressivement construits. Les dépenses annuelles pour ces ouvrages sont d'environ 2 millions de yens en grande partie à la charge des unions d'intéressés. D'un côté, le Service Géographique a estimé à 2 millions de cho dans le Japon propre la surface cultivable encore disponible, dont la moitié pourrait être transformée en rizières. Escomptant un rendement en riz décortiqué de 16 koku par cho, capable d'atténuer la différence entre la consommation et la production, le Gouvernement s'est intéressé, à partir de 1920, à une première tranche de travaux portant sur le quart de cette surface (environ 250.000 hectares).

Il est envisagé un effort de dix ans, pendant lesquels il subventionnerait de 40 % les entreprises privées concernant l'aménagement des lots égaux à 5 cho ou plus grands.

*
* *

POLITIQUE: DOMAINE SOCIAL

LES CONFLITS ENTRE PROPRIÉTAIRES ET EXPLOITANTS

Gêne des cultivateurs. — La moitié des rizières ne sont pas travaillées par leurs propriétaires, mais par des fermiers ou surtout par des métayers. Les surfaces des exploitations étant très petites, les familles nombreuses, les redevances et les impôts lourds, les cultivateurs se trouvent fréquemment dans la gêne. Les dépenses d'entretien moyennes annuelles d'une famille de paysans, d'après une enquête faite par le Ministère de l'Agriculture en 1925 sur 169 maisons dont 69 de petits propriétaires, 42 de métayers, 58 de petits propriétaires et métayers à la fois, est :

Irrigation (roue au pied).

Aliments .... 512 y.
Vêtements .... 116 y.
Obligations sociales .... 85 y.
Divers .... 471 y.
                                                ____

                                                1.184 y. (1.444 $).

Les cultivateurs s'endettent vis-à-vis de leurs propriétaires. Les occasions des prêts seraient :

Les achats de vivres dans .... 33 % des cas
Le besoin de capital d'exploitation dans .... 37 %   —
Les sinistres dans .... 15 %   —
L'acquittement des dettes antérieures .... 10 %   —
L'achat des terres .... 5 %   —
                                             ____

                                             100 %

Ces dettes amènent entre propriétaires et exploitants une tension des relations qui aboutit à de véritables conflits.

Conflits. — Les conflits, rares relativement dans la période de 1868 à 1916, se sont multipliés depuis, en particulier dans les provinces de Gifu, Nara, Okayama, enfin dans Kiousiou. Ils deviennent actuellement plus nombreux dans la plaine de Tokyo et le nord du Japon propre.

La plupart ont comme cause réelle ou comme prétexte le taux des redevances exigées par les propriétaires. En 1924, sur 2.206 conflits, 1.977 soit 90 %, relevaient de ce fait. Parfois sont invoquées la baisse de valeur de certains produits agricoles, ou la réduction des surfaces amodiées, certains propriétaires se décidant à faire valoir leurs terres directement.

Les cultivateurs ont d'abord demandé individuellement à leurs propriétaires un adoucissement des conditions qui leur étaient faites : ces requêtes visaient une réduction temporaire des redevances (à l'occasion des sinistres) et légère : 1 à 2 dixièmes ; progressivement ils en sont venus à demander des diminutions permanentes et importantes : 7 ou 8 dixièmes ; depuis 1923, ils réclament l'attribution en toute propriété des terres qu'ils cultivent.

Ligues paysannes. — Ensuite les requêtes sont devenues collectives. Les cultivateurs ont formé des ligues et choisi des chefs. Il y en avait 4.295 en 1928 (ce ne sont pas uniquement des riziculteurs) groupant 327.898 membres et situées surtout dans les provinces de Hyogo, Nara, Gifu, Okayama. Environ la moitié sont des organes de combat et ne visent qu'à la défense des intérêts immédiats des métayers. Les autres s'occupent d'améliorations techniques et recherchent l'entente entre métayers et propriétaires. Ces groupements sont fédérés sous divers titres : Confédération Générale des Paysans, Association des Paysans de tout le Japon, Association des Paysans du centre, Association des Paysans de Formose, etc... Dans chaque province, l'action paysanne dispose d'un organe de coordination qui vise non seulement des buts économiques et sociaux mais encore un but politique : l'envoi de représentants au Parlement. Comme exemple d'organisation d'une fédération de combat, on peut citer la Confédération Générale Paysanne qui comprend des métayers et des petits propriétaires. Les membres sont plutôt des individus que des familles. Dix membres forment une cellule. Cent cellules (1.000 hommes) forment une sous-section. Cinq sous-sections (5.000 hommes) forment une section. Ce sont les sections dont l'ensemble forme la Confédération. Celle-ci est dirigée par un Conseil Fédéral élu pour un an par l'Assemblée Générale et un Comité Exécutif assurant divers services spéciaux (enquêtes, contentieux, politique, publications, propagande, instruction, jeunesse, femmes, technique agricole). Les membres des cellules payent 10 sen par mois ; les fonds sont centralisés. Les directives sont envoyées par le conseil fédéral aux cellules.

Les ligues paysannes attirent l'attention du public par tous les moyens, soulèvent l'opinion par des manifestations ; leurs membres refusent de

Moulin à eau.

payer les impôts, n'envoient pas leurs enfants aux écoles, refusent de participer à l'extinction des incendies. Ils s'entendent pour garder leurs récoltes et ne pas payer les redevances aux propriétaires. Quand un métayer a été renvoyé par un propriétaire il est interdit à un membre de lui succéder. Du travail est procuré au métayer congédié. Des sanctions, dont la moindre est la mise à l'index, sont prises contre ceux qui enfreignent la règle.

GROUPEMENTS DES PROPRIÉTAIRES. — De leur côté, les propriétaires se défendent ; ils se groupent, mais plus difficilement que leurs adversaires, parce que de conditions sociales variées. En 1928, on en comptait 686 associations groupant 55.758 membres et situés surtout dans les provinces de Niigata, Yamanashi, Gifu, Hyogo, Okayama ; ces nombres sont probablement inférieurs à la réalité. D'après certains il y aurait plus de mille syndicats groupant 150.000 membres. Mais ces groupements ne sont pas tous fédérés : beaucoup sont communaux, régionaux. La principale organisation de propriétaires est la Société des Propriétaires Fonciers du Japon avec 8.699 membres.

Un dixième des associations de propriétaires cherchent à défendre la position de ceux-ci. Un quart ajoutent à cet objectif l'amélioration de la technique agricole ; un autre quart se propose l'amélioration de la condition des métayers. Les autres voudraient réaliser une entente entre propritaires et métayers pour augmenter leurs bénéfices communs.

Les propriétaires usent, pour leur défense, des moyens légaux et portent les litiges en justice, faisant saisir les récoltes sur pied et les biens de leurs débiteurs, refusant le renouvellement de leurs locations ; ils s'entendent entre eux pour fixer les redevances à percevoir ; ils s'organisent pour l'exploitation directe de leurs fonds ; ils entourent leurs terres de clôtures pour se défendre contre les violences et le pillage. Les nombres des cas dont les tribunaux ont été saisi sont :

1926	dans l'année	1922
1984	—	1923
2329	—	1924
4184	—	1925
4849	—	1928

L'objet des procès engagés a une tendance à changer, comme l'indique le tableau suivant :

ANNÉES	POURCENTAGE DES CAS	
	Réclamations de redevances impayées.	Dénonciations de contrats Reprises de terres.
1924	80	15
1925	61	32
1926	50	47

ASSOCIATIONS MIXTES. — En plus des ligues de métayers et des groupements de propriétaires, il existe des associations mixtes, groupant à la fois des métayers et des propriétaires, qui cherchent un terrain d'entente et une amélioration commune. Ils étaient, en 1928, au nombre de 1939, groupant 200.438 membres, et situés principalement dans les provinces de Gunma, Chiba, Hyogo, Gifu, Niigata, Saitana.

L'ARBITRAGE. — Pour régler les graves conflits d'intérêts entre les propriétaires fonciers et les cultivateurs exploitant leurs terres, a été instituée en 1919 une Commission Ministérielle dont les travaux ont servi de base à la loi d'arbitrage agricole en vigueur depuis le 1ᵉʳ décembre 1923.

Ce texte a institué dans chaque province un fonctionnaire relevant du Ministère de l'Agriculture et qui doit connaître des conflits ; il est chargé de concilier les parties adverses.

Dans l'ensemble du Japon, en trois ans, 7915 litiges ont été soumis aux arbitres créés par cette loi. Ils auraient réussi dans 57 % des cas.

ETABLISSEMENTS ET MAINTIEN DES PETITS PROPRIÉTAIRES ET DES MÉTAYERS. — Le Gouvernement s'est proposé de faciliter aux cultivateurs l'acquisition de la terre qu'ils exploitent pour le compte d'autrui et de maintenir les petits propriétaires dans leur position indépendante. Dans ce but, il a institué, en 1925, un service mettant à la disposition des intéressés les fonds qui leur manquent à des conditions favorables. Il a prévu pour cet effort une durée de 25 ans, l'estimant suffisante pour faire passer en toute propriété le quart de la surface actuellement soumise au métayage entre les mains qui la travaillent.

Seuls peuvent bénéficier de cette organisation les personnes qui cultivent le fonds en cause.

Le montant des prêts est de 500 à 600 y. par personne, au maximum 4.000 y. par famille. Leur objet est strictement limité à l'achat ou à la conservation de petis domaines d'une surface inférieure ou égale à 1 cho (sensiblement 1 hectare). La valeur du fonds est expertisée par un comité provincial.

Battage au fléau.

Le taux des prêts amortissables est compris entre 3 et 10 %, suivant la durée.

Les terres acquises grâce aux prêts sont incessibles pendant 24 ans.

Les capitaux nécessaires à cette action proviennent du Crédit Agricole, du Crédit Foncier, de la Caisse d'Epargne Postale.

*
* *

Coopération.

Généralités. — La loi qui a organisé les sociétés coopératives au Japon est du 6 mars 1901. Elle a été remaniée depuis. Bien avant cette époque, le courant d'opinion s'était formé pour la mise à la disposition de l'agriculture et du petit commerce des capitaux dont il avaient besoin ; des missions avait été envoyées en Europe pour y étudier la Mutualité (Vicomte Shinagawa et comte Hirata), les renseignements rapportés avaient permis d'établir des projets de caisses de crédit. Des difficultés parlementaires en retardèrent la réalisation jusqu'en 1900. Cependant s'étaient déjà créés des associations appelées Hotokucha ; et, dès 1897, existaient en fait plus de 100 Caisses de Crédit avec 18.000 membres et un capital de 413.000 y.

Une vive impulsion fut donnée après la guerre Russo-Japonaise aux institutions coopératives. La Société agricole du Japon (aujourd'hui Conseil de l'Empire) et ses sections firent en leur faveur une active propagande. En 1905 fut fondée l'Union Centrale des Sociétés Coopératives.

Depuis 1919, le Japon souffre d'une crise économique grave. Les Sociétés Coopératives de Crédit aident beaucoup le petit commerce à la traverser. Par ailleurs, la politique de défense des prix du riz est basée sur les sociétés coopératives, en particulier sur les entrepôts agricoles.

Le Gouvernement considère les Société coopératives comme des facteurs d'ordre et de stabilité, opposés aux influences révolutionnaires et communistes.

Les sociétés coopératives. — Les Sociétés Coopératives poursuivent des buts variés : 1° prêter des fonds à leurs adhérents pour les besoins de leur profession et recevoir leurs dépôts ; 2° vendre à autrui des marchandises produites par leurs membres avec ou sans transformation ; 3° vendre à leurs membres des marchandises achetées, manufacturées ou produites par elles ; 4° mettre à la disposition de leurs membres des organisations ou établissements dont ils ont besoin (distribution d'eau ; étouffoirs et séchoirs à cocons ; étalons). A ces quatre opérations principales correspondent quatre dénominations : crédit, vente, achat, utilisation.

Les mêmes Sociétés Coopératives peuvent poursuivre concurremment plusieurs buts. Elles n'ont pas obligatoirement le caractère agricole : quelques-unes (2 %) sont des sociétés citadines ; cependant les agriculteurs représentent 75 % des coopérateurs. Depuis peu se sont créées des Sociétés Coopératives de Consommation et, plus récemment des Coopératives dites de Profit, envisageant la construction d'immeubles à bon marché, la fabrication de meubles, l'ouverture et la gestion d'hôpitaux, d'établissements de bains, etc. le nombre des coopératives est actuellement de près de 15.000. En 1916, elles se répartissent comme suit, d'après la nature de leurs opérations :

NOMBRES	CRÉDIT	VENTE	ACHAT	UTILISATION
3.578				
3.353				
2.552				
2.480				
343				
330				
299				
286				
272				
247				
184				
154				
138				
87				
70				
14.373				

Dans les pages qui suivent, des renseignements particuliers seront donnés, sur ces diverses formes d'activité, leurs conditions et leurs résultats.

Les statuts des Sociétés Coopératives doivent être approuvés par les Chefs de province de leur situation. Il définissent la région où la Société compte exercer son activité. La responsabilité de leurs membres peut être limitée, illimitée, garantie. Dans le premier cas, ceux-ci ne sont responsables des dettes de la Société que dans la limite de leur souscription de capital ; dans la seconde forme les membres sont entièrement responsables, tous leurs biens étant engagés ; dans la troisième forme, chaque membre est responsable pour une certaine somme en plus de sa part de capital. Dans le cas de la responsabilité illimitée chaque membre doit être admis par tous les autres, les oppositions aux admissions étant formulées par écrit. Les Sociétés à responsabilité limitée sont de beaucoup les plus nombreuses. On comptait en 1926 :

Limitées	12.497
Illimitées	1.627
Garanties	249
	14.373

Pour faire partie d'une Société Coopérative, il faut résider dans le pays où elle opère et souscrire au moins une part de son capital. Le maximum des souscriptions est 30 parts. La valeur des parts ne dépasse pas 50 yens (61 $). Ces titres sont incessibles sauf autorisation du conseil. En moyenne les coopératives comportent 275 membres.

Un membre d'une société ne peut se retirer sans un préavis de six mois ; la radiation des membres qui cessent de remplir les conditions requises pour l'admission, qui meurent, qui font faillite, qui perdent leurs droits civils, qui sont exilés, est faite d'office.

L'Assemblée générale des coopératives se tient ordinairement chaque année dans le premier mois de l'exercice ou extraordinairement sur demande du tiers des associés. Elle délibère valablement si la moitié des membres de l'association sont présents. Les votes ne sont acquis qu'à la majorité des 2/3 des membres présents. Chaque membre ne dispose que d'une voix, quel que soit le nombre de ses actions. Les Sociétés Coopératives sont dirigées par un comité normalement composé d'un administrateur, et de trois commissaires. La durée des charges est trois ans pour l'administrateur et un an pour les commissaires. L'administrateur et les commissaires sont élus par l'Assemblée Générale devant laquelle ils sont responsables. Ils ne sont pas rémunérés. Ils peuvent être destitués.

Les Sociétés Coopératives sont sous le contrôle du Gouvernement : Ministres de l'Agriculture et de l'Intérieur. Ce dernier est représenté par les Chefs de provinces qui interviennent en cas de conflit. Il suffit de la réclamation d'un membre pour déclencher son action ; il peut désigner un administrateur provisoire.

Les Sociétés prennent fin par décision d'Assemblée générale, faillite, fusion...

Les Sociétés Coopératives ont comme ressources leur capital (parts) ; leurs bénéfices ; leurs réserves ; les dépôts qu'elles reçoivent ; les prêts qu'elles obtiennent des banques, du Crédit Foncier, des caisses départementales ou centrales ; les avances de l'État (à 6 % ; ces dernières servent surtout à financer les warrants... La loi les oblige à mettre en réserve au moins un quart des profits de chaque exercice et les droits d'entrée.

Elles sont exemptes d'impôts.

Le bénéfice peut être divisé entre les membres, proportionnellement aux actions qu'ils possèdent (6 % au maximum) ou mieux proportionnellement à leur chiffre d'affaires avec la Société.

En 1926, 11.841 Sociétés Coopératives groupant 3.389.510 membres avaient un capital versé de 163.898.727 yens. Leurs réserves étaient 73.373.654 yens. Leurs emprunts atteignaient 115.562.016 yens. Elles avaient en dépôt 781.807.515 yens.

Les Sociétés Coopératives peuvent se fédérer.

Une fédération, pour avoir une existence légale, doit grouper au moins sept Sociétés Coopératives. Les fédérations ont la même nature que les Sociétés Coopératives dont elles sont formées : elles appartiennent donc à quatre types principaux définis par la nature de leurs opérations.

Il n'y a que deux formes de responsabilité dans les fédérations : limitée et illimitée.

L'aire d'action d'une fédération est normalement une province. Ces fédérations servent de relais dans l'obtention des capitaux. Elles appuient les coopératives locales et avalisent leur papier.

Les Sociétés Coopératives peuvent également s'affilier à des organes centraux sans caractère fédéral, mais capables de les aider.

Parmi ces organes centraux se trouvent la Caisse Centrale de Crédit, instituée en 1922, la Coopérative Centrale d'Achats et de Ventes.

Mention doit être faite de l'Union Centrale des Coopératives, fondée en 1905, qui groupe les sociétés et leurs fédérations ; elle est un organe de propagande, d'information, d'instruction, de contrôle. Elle a ouvert en 1906 une École Mutualiste où elle fait enseigner pendant une année, à des jeunes gens déjà instruits, les principes et la pratique de la coopération ; elle a organisé des stages annuels d'entraînement d'un mois pour une cinquantaine de secrétaires comptables de sociétés coopératives ; elle donne des conférences à l'usage des dirigeants de Sociétés Coopératives ; pendant les vacances elle a une chaire ambulante de mutualité à l'usage des maîtres d'école. Enfin elle complète son action par la publication de périodiques et l'inspection annuelle d'environ 50 Sociétés Coopératives. Elle a sur les sociétés adhérentes une action morale, administrative et technique réelle.

CRÉDIT COOPÉRATIF. — Le principal objet envisagé par les Sociétés qui pratiquent le crédit coopératif est de mettre à la disposition de leurs membres, sous forme de prêts, les capitaux nécessaires à l'exercice de leur profession, et de leur offrir des facilités pour placer leurs disponibilités. Elles peuvent aussi prêter des fonds pour l'amélioration des « conditions de vie de leurs membres », conformément aux dispositions spéciales de leurs statuts. Elles reçoivent les dépôts non seulement de leurs membres, mais encore de leurs familles, des sociétés et associations étrangères.

Presque toutes les sociétés coopératives sont coopératives de crédit : 90 % environ.

Le montant maximum des prêts à consentir à ses membres par une Société Coopérative de Crédit est fixé chaque année par l'assemblée générale ordinaire. Cette même assemblée élit tous les ans un comité chargé de s'informer de la situation des membres et de préciser le maximum qui peut être prêté à chacun dans les limites déjà fixées par l'assemblée générale.

Fin 1926, les prêts s'élevaient à 641.540.263 y. soit en moyenne de 50.570 y. par société, 318 y. par prêt. En règle générale, les prêts sont consentis sans garantie (70 % des sommes prêtées sont dans ce cas).

L'intérêt est fixé, dans la grande majorité des cas à 9 ou 10%, c'est-à-dire 1 ou 2 % plus bas que le taux local. Dans les villes, des sociétés coopératives de crédit sont autorisés par le Ministre compétent à escompter le papier de commerce de leurs membres, augmentant ainsi leur fond de roulement.

Séparation du grain.

Les dépôts sont reçus par les Sociétés Coopératives de Crédit soit en compte courant, soit à court terme, soit à long terme. L'intérêt est 6 à 7 % par an. Les coopératives pratiquant le crédit agricole, ont, dans chaque province, un établissement fédéral spécialisé dans cette opération, et qui joue le rôle de relai entre elles et la Caisse Centrale.

VENTE COOPÉRATIVE. — Le but des associations qui s'occupent de vente coopérative est la vente des produits à elles consignés par leurs membres, qu'il s'agisse de produits ouvrés ou de produits naturels.

Environ 60 % des sociétés coopératives japonaises font cette opération. En 1926, la somme vendue dans l'année par ces 8293 sociétés a dépassé 240 millions de yen, soit environ 30.000 par société et 100 y. par sociétaire.

Les produits ainsi traités sont très variés ; ce sont surtout des grains : riz, blé, orge, soja, des légumes, des fruits, du thé, de l'huile, des cocons, de la soie grège, de la paille et des produits dérivés (étoffes, sucre.) En 1925, ces sociétés ont vendu pour plus de 40 millions de yen de riz.

ACHAT COOPÉRATIF. — Les sociétés qui font des achats coopératifs cherchent à procurer à leurs membres, agriculteurs ou industriels, les matières premières et le matériel dont ils ont besoin : engrais, machines, graines et plantes, œufs de vers-à-soie, fers, etc... Accessoirement certaines leur fournissent des denrées de consommation courante, grains, sel, soie, sucre, alcool, pâtes alimentaires, poissons, charbon pétrole, tissus. Les achats de ces sociétés peuvent être faits à la demande des membres, ou donner lieu à des approvisionnements, suivis de livraisons au jour le jour. Le deuxième cas suppose que les sociétés ont des magasins.

Ces opérations sont pratiquées par environ 70 % des sociétés coopératives. Le chiffre d'affaire moyen par société d'achat était 16.000 yens en 1926, soit 90 yens par sociétaire.

UTILISATION COOPÉRATIVE. — Le but envisagé est de mettre à la disposition des coopérateurs des installations utiles à leur profession ou à leur vie : magasins, matériel de transport, machines, installations électriques, lieux de réunion, ameublements, etc... Les sociétés coopératives qui s'intéressent à ce genre d'opération sont les moins nombreuses : 35 % environ.

LES ENTREPOTS AGRICOLES COOPÉRATIFS. — Pour permettre aux propriétaires et aux cultivateurs de conserver leurs produits dans les meilleures conditions (au lieu de les vendre obligatoirement dès qu'obtenus) de les warranter, de les conditionner, emballer, transformer, transporter, vendre, en même temps que pour stabiliser les prix du riz, le Gouvernement a créé, par la loi du 7 juillet 1916, modifiée le 25 mars 1925, des établissements coopératifs qui sont les Entrepôts Agricoles. Ces organes travaillent en collaboration avec les autres institutions mutualistes : ils sont constitués le plus souvent sous les auspices de sociétés coopératives mais parfois de Sociétés agricoles ou autres établissements publics intéressés à l'amélioration de l'agriculture ; mais les Entrepôts Agricoles procèdent d'autorisations spéciales, et ont leur comptabilité séparée. En fait ils sont indépendants.

Les Entrepôts Agricoles sont des établissements publics ; ils sont dotés de la personnalité civile. Leurs statuts indiquent le but de leur entreprise, l'aire de leur action, le caractère et l'importance des affaires qui seront traitées, le lieu et la nature des bâtiments à édifier, les ressources financières initiales. Ces statuts doivent être approuvés par les Chefs de province intéressés ; de même les modifications éventuellement apportées dans la suite.

La plupart des Entrepôts Agricoles sont communaux. Ils utilisent des locaux appartenant à la commune, travaillent au début avec les fonds de la commune ou le produit d'emprunts spécialement contractés par elle. Ils sont dirigés par les Conseils Agricoles Communaux sous le contrôle des Ministères des Finances, de l'Intérieur et de l'Agriculture.

Suivant les disponibilités de son budget, ce dernier département accorde aux Entrepôts Agricoles (ou à leurs fédérations), sur avis favorable des Chefs de province, des subventions pour construction, agrandissement, réparation, achat de bâtiments et représentant environ 40 % des dépenses engagées ; les provinces contribuent obligatoirement pour 10 % à ces mêmes dépenses. L'emploi des crédits, de même que les résultats de l'entreprise sont suivis. Suivant le cas, le Département continue ou suspend son aide. Il peut même exiger le remboursement des subventions consenties. Le Gouvernement a envisagé la construction en partie à ses frais — de 4.000 entrepôts couvrant ensemble 85 hectares en 10 ans. Il en existe actuellement plus de 2.000. Chaque année les Entrepôts Agricoles sont inspectés, au moins une fois, par des fonctionnaires désignés par les Chefs de province, entre les mains de qui les comptes de gestion de chaque exercice sont déposés au début de l'année suivante, avec une prévision des opérations de l'exercice commençant. Les Entrepôts Agricoles sont exemptés du paiement des impôts.

Les principaux produits reçus par les entrepôts sont les grains et les cocons de vers-à-soie. Beaucoup sont pourvus d'étouffoirs et séchoirs. Ils peuvent accepter aussi les sucres, la paille, etc... mais point de denrées périssables.

Tout le monde peut déposer des produits à un Entrepôt Agricole à la condition d'être cultivateur ou propriétaire foncier (et dans ce dernier cas d'avoir obtenu ces produits à titre de redevance locative).

Le consignataire établit une fiche déclarant les marchandises qu'il remet. (Si celles-ci sont le gage d'une dette, l'autorisation du créancier doit être annexée à la fiche). Les marchandises présentées à l'admission sont examinées et classées conformément aux règles des Conditions provinciales. Elles peuvent alors être, si leur propriétaire ne s'y oppose pas incorporées dans un lot de même nature et même qualité. La fiche est échangée contre un titre de consignation qui représente les marchandises et doit être rendu lors de leur retrait. Le titre n'est pas nominatif.

Séchage du grain

Il peut changer de main, par suite d'opérations commerciales, les marchandises restant entreposées (filière). En cas de perte, un duplicata peut être obtenu, en invoquant le témoignage de deux garants.

Les marchandises entreposées sont soignées d'office : fumigation périodique des riz par exemple ; elles sont assurées d'office contre les risques d'incendie ; de vol, d'humidité, de détérioration par les insectes, les rats.

La durée de la consignation est de 6 mois en principe, mais renouvelable. A l'expiration des 6 mois le propriétaire des marchandises doit les reprendre ; s'il y manque ou ne renouvelle pas le dépôt après avertissement, les marchandises sont vendues aux enchères publiques. Ce mode de vente est d'ailleurs le plus généralement employé. Les entrepôts sont en rapports suivis avec les Bourses de Riz.

Normalement, la vente a lieu sur l'ordre du déposant ; le règlement se fait moyennant remise du titre de consignation. Ce titre permet aussi à celui qui le détient d'emprunter sur la marchandise déposée ; il remet au prêteur le titre en nantissement. Les Coopératives de Crédit consentent ces prêts ; les Entrepôts eux-mêmes également. Les prêts ne dépassent pas 80 % de la valeur des marchandises.

Au moment du retrait de la marchandise ou de la vente, le déposant acquitte des droits de consignation, qui sont : un droit fixe de 10 sen par dépôt ; 1 à 2 sen par mois pour une balle de riz ; 10 sen par mois pour un koku de cocons.

Les Entrepôts Agricoles peuvent se fédérer ; ils tirent de leurs unions des facilités financières et des moyens de vente à meilleure condition.

Caisse centrale des sociétés coopératives. — Cette Caisse a été instituée par une loi du 5 avril 1922 pour soutenir dans leurs opérations de crédit les Sociétés Coopératives et leurs Fédérations. C'est une société à responsabilité limitée, créée pour une durée de 50 ans, sauf prorogation, au capital de 30.700.000 yens et divisé en actions de 100 yens dont la moitié appartient au Gouvernement et la moitié aux sociétés coopératives ou leurs fédérations. Chacune de ces dernières ne peut posséder plus de 2.000 actions. Les 150.000 actions appartenant au Gouvernement ont été payées en trois annuités égales. Les autres actionnaires versent, à l'entrée 1/5 du prix de leurs titres. Ils s'acquittent du reste dans les dix ans. En 1927 le nombre des actionnaires était 11.534, se décomposant comme suit :

```
Gouvernement  ...............................................      1
Sociétés coopératives  .............................    11.386
Fédérations  ....................................     147
                                               ---------
                                                 11.534
```

Sur 30.700.000 yens de capital souscrit, 22.754.000 yens étaient payés en 1927.

La Caisse Centrale est administrée par une Assemblée Générale, un Directeur, un Sous-Directeur, trois Commissaires au moins. Ces fonctionnaires sont choisis par les Ministres de l'Agriculture et des Finances. La durée des mandats est 5 ans, pour le Directeur et le Sous-Directeur et 3 ans pour les Commissaires : ils peuvent être désignés à nouveau. Ce personnel est assisté d'un Conseil de 20 membres, dont la moitié au moins doit faire partie de Sociétés Coopératives, tous à la désignation des Ministres. Par ailleurs, ceux-ci ont un droit de regard permanent sur les affaires de la Caisse Centrale. Ils délèguent leurs pouvoirs à un fonctionnaire autorisé, à tout instant, à demander communication des écritures, vérifier l'encaisse et qui a droit d'assister à l'Assemblée Générale (sans voix délibérative). Des sanctions sont prévues contre les fonctionnaires coupables de négligence ou d'abus. Le personnel reçoit un traitement et des tantièmes fixés par les Ministres compétents.

La Caisse Centrale a comme clients les Sociétés Coopératives ou les Fédérations, ses actionnaires. Elle peut leur prêter, sans cautionnement pour 5 ans, sur le vu d'un bilan satisfaisant : pour des prêts qu'un

Séchage

tel bilan ne justifierait pas, des garanties sont exigées (aval ou hypothè-
que). Elle peut escompter leurs effets, effectuer leurs paiements, recevoir leurs dépôts ainsi que ceux d'autres établissements publics. Ainsi
en 1919 elle disposait de 47 millions de yens en plus de son capital versé.
Les prêts qu'elle consent à court terme sont au taux de 1,6 à 1,9 sen
par 100 yens et par jour (soit 5,76 à 6,84 % par an). La durée des
prêts est 90 jours ; ils sont renouvelables 3 fois. Des prêts à long terme
sont aussi consentis. La masse des prêts atteignait 64 millions en 1929.

La Caisse Centrale peut utiliser ses disponibilités en fonds d'État, les
déposer chez des banques autorisées par le Ministre des Finances, ou
chez les Caisses d'Epargne.

Elle peut, d'un autre côté, émettre des obligations à condition que leur
montant ne dépasse pas 10 fois son encaisse ; ce sont des titres de 50
yens remboursables par voie de tirage au sort en 15 ans.

Sur le vu du bilan de la Caisse Centrale, les ministres compétents
fixent le dividende à servir aux actions (6 % au maximum) et l'emploi
des bénéfices, dont un dixième au moins va aux réserves. Lorsque celles-
ci atteindront le quart du capital souscrit le dividende des actions pourra
être élevé à 8 %.

La Caisse Centrale a beaucoup aidé les Sociétés Coopératives et leurs
Fédérations, non seulement dans leurs affaires normales, mais aussi en
deux occasions graves : lors du dernier grand tremblement de terre et
en 1928, quand 22 banques ont suspendu leurs paiements.

*
* *

POLITIQUE : DOMAINE COMMERCIAL

Bourses de riz. — Toutes les Bourses du Japon ont leurs origines
dans les Marchés aux Riz. Tels de ces marchés sont restés célèbres :
ceux de Yodoya et Dojima, à Osaka, au 17° siècle, où les seigneurs féo-
daux de toute la contrée consignaient à des marchands commissaires le
riz qu'ils recevaient comme dîme, et où les contrats passés aboutissaient
moins à des livraisons qu'à des gains ou pertes par différences de cours.
Le Gouvernement assura d'abord le contrôle des marchés, puis élabora
la réglementation actuelle qui transforma les Marchés en Bourses : loi
de 1893, remaniée en 1899, puis 1914, enfin 1922. D'autres marchés

que ceux au riz se sont ouverts : pour les valeurs, la soie grège, le coton, les tourteaux, les sucres. Il y a maintenant 37 Marchés Règlementés ou Bourses. Sur certains, plusieurs sortes de marchandises simultanément sont achetées ou vendues.

Sur ces 37 Bourses, 32 sont des sociétés par actions dont le but est de profiter des droits payés par les membres (courtiers) proportionnellement au volume de leurs affaires, en échange des services que leur rend l'institution, tels les perceptions de marges, les garanties contre la rupture des contrats. Les actionnaires d'une Bourse ne sont pas, en général, membres de cette Bourse. Ils en sont les propriétaires et les directeurs de la Bourse les représentent. En certains cas, les directeurs consultent les membres. L'entreprise que représente une Bourse bénéficie d'un monopole ; les actions sont toujours très au-dessus du pair et les dividendes substantiels ; d'où une tendance des intéressés à multiplier le nombre des Bourses et à en augmenter le capital. Mais le Gouvernement n'autorise guère plus l'ouverture de Bourses sous forme de sociétés par actions. La forme admise actuellement pour la création des Bourses est celle d'Association de membres.

Les points essentiels de la législation sur les Bourses sont les suivants. Il ne peut y avoir sur une même place qu'une seule Bourse par nature de marchandises ; les Bourses peuvent être des sociétés par actions ou des associations ; leurs membres doivent déposer un cautionnement, sur lequel la Bourse a les premiers droits ; les clients ne venant qu'après.

L'approbation du Gouvernement est nécessaire pour l'établissement d'une Bourse, — pour l'inscription des membres, — pour la validité de ses statuts et règlements, — pour la nomination des directeurs. Le Gouvernement délègue des fonctionnaires pour vérifier les écritures et la situation réelle de la Bourse et de ses membres ; il peut fermer une Bourse, destituer ses directeurs, exclure ses membres ; il peut punir ceux qui émettent ou colportent de fausses nouvelles capables d'influencer les cours.

Les Bourses de Riz sont situées, soit dans les pays de grande production soit dans ceux de grande consommation. Parmi les premiers sont Sakata, Niigata, Kanagawa. Parmi les secondes en suivant un ordre d'importance décroissante, Osaka, Tokyo, Kobe, Kyoto. Les deux plus grandes bourses du Japan sont Tokyo au capital de 47 millions et Osaka, au capital de 45 millions. La liste des autres Bourses de riz est donnée ci-après, par ordre d'ancienneté décroissante. La plupart sont antérieures à 1896.

NUMÉROS	NOMS	PROVINCES
1	Bourse de Kyoto	Kyoto
2	Bourse de riz d'Ohmi	Shiga
3	Bourse de riz de Shimonoseki	Mamaguchi
4	Bourse de riz et de céréales de Niigata	Niigata
5	Bourse de riz et de céréales de Kuwana	Miye
6	Bourse de riz et de céréales de Kanasawa	Ishikawa
7	Bourse de riz et de céréales de Nagoya	Aichi
8	Bourse de riz et de céréales de Sakata	Yamagata
9	Bourse de riz et de céréales de Tomioka	Toyama
10	Bourse de riz d'Okayama	Okayama
11	Bourse de riz et de céréales de Shizuoka	Shizuoka
12	Bourse de riz et de céréales de Gifu	Gifu
13	Bourse de riz et de céréales de Kuwamoto	Kuwamoto
14	Bourse de riz et de céréales de Himeji	Himeji
15	Bourse de Yokohama	Yokohama
16	Bourse de riz et de céréales de Okasaki	Aichi
17	Bourses de riz et de céréales de Toyohashi	—
18	Bourse de riz et de céréales de Toyama	Toyama
19	Bourse de riz et de céréales de Nagaoka	Niigata
20	Bourse de riz et de céréales de Sakata	Gifu
21	Bourse de riz et de céréales d'Iyo	Yehime
22	Bourse de riz et de céréales de Saga	Saga
23	Bourse de riz et de céréales de Sakata	Yamagata
24	Bourse de Kobé	Kobé
25	Bourse d'Otaru	Hokkaïdo

NOTES PRATIQUES SUR LES MARCHÉS DES RIZ INDIGÈNES DE TOKYO. — De la Bourse de Tokyo dépendent 60 courtiers en riz.

Pour devenir membre de la Bourse (Courtier) il faut être présenté par deux parrains eux-mêmes membres en exercice. La candidature est examinée par un conseil d'admission : elle doit réunir l'unanimité des suffrages et être agréée par le Ministre de l'Agriculture. Ces conditions remplies, le postulant doit payer sa charge environ 30.000 yens.

Les membres de la Bourse sont les intermédiaires obligés de tout achat et de toute vente de riz en bourse. Ils ont des bureaux d'affaires privés où ils reçoivent de leur clientèle les ordres à exécuter. Ces ordres sont passés au comptant ou à terme, à cours limité ou au mieux. L'unité de marchandise est 100 koku (1) de riz de Saitama. Les clients déposent des

---

(1) Aux marchés de riz de Kukagawa et Kandagawa les livraisons minimum sont 20 tawara au comptant, 100 tawara à terme pour les riz du Japon propre et 100 kin pour les autres. Les qualités traitées sont : Saitama 4e grade, Haragi 4e grade, Chida 4e grade, Tohimi 4e grade, Miyazaki 4e grade, Rouge 4e grade, Oita 3e grade, Skouchima 4e grade ; les riz coréens sont aussi négociés par les riz étrangers.

Cromage

provisions à l'appui de leurs ordres. Ils ne peuvent imposer l'heure d'exécution de leurs ordres.

Les membres ne se présentent pas toujours personnellement en Bourse. Chacun d'eux a deux employés agréés qui peuvent le remplacer. Dans la salle des séances, il a un poste téléphonique privé en liaison directe avec son bureau de ville.

La Bourse est ouverte tous les jours. Il y a quinze marchés chaque jour, de 20 minutes en 20 minutes : 8 avant-midi, 7 après-midi ; les courtiers s'affrontent devant la tribune où se tiennent les directeurs, administrateurs, contrôleurs de la Bourse, les secrétaires de séances. Ils expriment par gestes s'ils sont acheteurs ou vendeurs, les quantités qu'ils demandent ou offrent leurs prix. Un marché conclu est marqué d'un battement du claquoir de la tribune. Des planchettes pendues indiquent le terme intéressé par le marché en discussion ; les cotes sur les autres Bourses. Les secrétaires de séances notent au fur et à mesure les acheteurs et vendeurs, les quantités, les termes et lieux de livraison, les prix. Après séance, lecture publique est donnée des marchés conclus : les membres remettent immédiatement des *chits* pour accord. Il n'y a qu'un prix par terme et par séance. Il est calculé. Ces prix diffèrent d'ailleurs de ceux qui seront réellement payés : ils ne représentent qu'une base ; les prix payés seront fonction des sortes de riz livrés en remplacement du standard et de la qualité reconnue à ceux-ci par expertise.

La situation de chaque membre est relevée après chaque séance et envoyée à la comptabilité. Il y a quinze marchés par jour, chacun pour 3 termes ; auxquels à peu près chaque courtier achète et vend. La position d'un membre en fin de journée peut donc résulter de 15 × 3 × 2 = 90 éléments qui s'ajoutent à son report de la veille. Le folio de chacun est tenu à jour au fur et à mesure. Les règlements, dépôts etc, sont faits par l'intermédiaire d'un service de banque installé dans l'immeuble même de la Bourse. Le volume actuel des affaires est 300.000 koku par jour. Il était 1 million de koku avant le dernier grand tremblement de terre. Parmi les membres est nommée une commission composée d'un administrateur et plusieurs contrôleurs qui peuvent à tout moment vérifier les écritures.

Les membres de la Bourse perçoivent une commission sur les affaires qu'ils traitent : elle varie avec le prix du riz, elle est à la charge du vendeur.

Pour les opérations au comptant, les fonds sont déposés et les marchandises livrées dans les 5 jours du marché. Pour les opérations à terme, les livraisons peuvent être faites les 5, 15, 25 de chaque mois, mais plutôt en fin de mois, sauf en décembre où elles ont lieu le 20 : si le dernier jour est un samedi ou un dimanche, elles sont faites le vendredi. Les lieux de livraison sont 7 entrepôts avec lesquels la bourse a des contrats. Si la marchandise doit être transportée à un entrepôt, les frais sont à la charge du vendeur et taxés d'office. L'unité de consignation en entrepôt est 100 koku, avec une tolérance de 20 %. Les frais d'entrepôt et d'assurance sont à la charge du vendeur jusqu'à ce que le récépissé passe aux mains de l'acheteur. Le jour de la livraison, avant l'heure prescrite, le vendeur doit remettre à la bourse, le récépissé de dépôt du riz, tandis que l'acheteur y verse les fonds correspondants. Le vendeur ne reçoit alors, au plus, que 90 % du montant de sa vente. Le récépissé de dépôt remis par lui mentionne les quantités, qualités, prix de sa marchandise.

Ces éléments sont contrôlés par la Bourse. L'opération, à la demande de l'intéressé, peut être faite à l'avance ; le récépissé de dépôt est alors présenté 10 jours avant la date de livraison. Le contrôle anticipé ne se fait pas pour des riz fraîchement décortiqués. Le coût du contrôle d'une livraison est à la charge du vendeur et de l'acheteur par moitié, sauf cas de rejet de la marchandise, où le vendeur le supporte seul. Il est 6 yens par 100 koku. Un contrôle hors la ville entraîne des frais supplémentaires. Un contrôle est valable pour 30 jours. Les formalités du contrôle peuvent être abrégés, d'accord parties.

La présentation des riz est faite, pour le Japon propre et Hokaido, en *tawara*, emballage doublé de paille, contenant 4 tô. Il faut 250 tawara pour faire 100 koku. Le tawara est cordée à 5 liens. La couleur de ceux-ci, les cachets d'origine et de contrôle apposés sur les étiquettes scellées

Pilonnage à main

marquent sa provenance et la qualité de son contenu. Les riz de Corée sont en balles de paille d'autre modèle, à 4 liens. Les emballages jugés défectueux lors du contrôle de *livraison* doivent être réparés dans les quatre jours. Les entrepôts se chargent du travail pour 5 à 10 sen par tawara.

De la pile des balles, pour en contrôler la contenance, on tire au hasard quelques-unes (2 %) et on les déverse dans une mesure pratique de capacité appartenant à la Bourse et app lée *masu*. Les tawara sont classées en trop pleines, justes, pas assez remplies. Si le manquant dépasse 5 %, la livraison est refusée, à moins que le vendeur ne la complète dans les 4 jours. Si le surplus dépasse 2 %, il est remis au vendeur.

Les riz sont classés dans leur pays de production, lors de leur remise à l'entrepôt agricole. Ils sont ensuite contrôlés par des commissions de condition provinciales qui délivrent aux détenteurs des certificats de qualité et marquent les balles. Ces mêmes commissions fournissent périodiquement aux bourses des échantillons types.

Les marchés conclus en Bourse le sont sur un riz standard : « Saita-ma », qualité moyenne du mois de décembre de chaque année pour Tokyo, « Setsu » mêmes conditions pour Osaka. Dans la réalité, un autre riz peut être livré, qui diffère de ce standard. Les riz admis en remplacement sont limitativement énumérés. Ils doivent être de la ré-colte de l'année ou de la récolte de l'année précédente. Cependant, d'accord entre les parties, des riz non inscrits sur la liste peuvent être admis à la livraison. Une mention spéciale est alors portée sur le récé-pissé de dépôt. Il peut encore arriver que la substitution n'est pas ad-mise par l'acheteur : le fait doit être mentionné également. L'examen d'une balle du lot livré renseigne immédiatement sur l'origine et la qualité de la marchandise ; mais cette qualité est, toutefois contrôlée par un service de la Bourse : la Condition des riz, dont le jugement est sans appel. Ce service possède un tableau de classement et une col-lection correspondante des échantillons-types des riz entreposés, qu'il reçoit des commissions provinciales chaque semestre. Par ailleurs, les Ministères de l'Agriculture et du Commerce déterminent les primes et les réfactions à appliquer aux riz de diverses provenances par rap-port au standard (Saitama par exemple) et même une échelle de prix pour le standard, suivant les époques de livraison.

Sur une livraison de 100 koku, 10 % des tawara soit 25 au moins sont tirées au sort et sondées. Après avoir reconnu que la marchandise n'est ni fardée, ni avariée, ni envahie par les insectes, elle est examinée au laboratoire de la Condition où l'on constate sa densité, sa couleur, son humidité, son intégrité (brisures ou fentes de l'amande) la perfection de son décorticage, son âge. Elle est assimilée à un type défini du ta-bleau ou au type le plus voisin. Enfin on détermine l'écart de qualité entre ce type défini et la marchandise examinée. Cet écart de qualité se traduit par un écart de prix. L'écart limite (maximum) en plus ou en moins est 3 yens 20. Les différences s'échelonnent de 10 sen en 10 sen. C'est-à-dire que de part et d'autre d'un prix principal correspondant à un type défini se trouvent 32 prix annexes fixés par expertise.

Les 25 échantillons provenant des 25 balles sont mis séparément sur un plateau à 25 casiers. Le plateau porte un numéro de référence. Person-ne au laboratoire ne connaît le nom du détenteur d'un lot. Le plateau passe successivement entre les mains de 5 experts. Chacun donne à l'échantillon de chaque casier une cote (jeton). Le chef de la Condition reçoit le plateau en dernier, il compile les cotes par casier et départage les estimations au besoin.

Les experts sont extrêmement entraînés et habiles : ils estiment à l'œil un écart de 10 sen et les cinq hommes qui travaillent séparément donnent très généralement la même cote à un échantillon. La direction de la Bourse a cependant jugé opportun d'installer un Laboratoire de

Technologie pourvu d'un matériel approprié ; on mesure principalement la densité du grain, son humidité, sa résistance à l'écrasement, le pourcentage d'amandes fendues, éventuellement celui des brisures ; on détermine l'origine des grains d'après leur forme, leurs dimensions et leurs stries ; leur âge d'après leur faculté germinative et la coloration des germes par certains réactifs ; leur tenue au blanchiment.

La marchandise fardée, avariée, envahie par les insectes est refusée si 10 % des sacs laissent à désirer.

Le règlement de bourse contient une liste de sanctions à appliquer aux vendeurs coupables de fautes à la livraison.

	Amendes
1° Le vendeur néglige de faire contrôler à temps le riz qu'il doit livrer	3 sen par balle.
2° Le nombre de balles livrées diffère du nombre vendu	2 yens p r balle manquant.
3° La quantité livrée est inférieure de 10 % à la quantité annoncée	10 % du prix de la vente
4° Le déficit est de moitié	20 % —
5° Le déficit est de plus de moitié	33 % —
6° La livraison n'est pas faite du tout	50 % du prix de la vente
7° Des balles ne contiennent pas la quantité réglementaire	8 sen par balle.
8° Plus de 10 balles sont d'une qualité différente de celle annoncée	40 sen par balle non conforme
9° Des balles sont avariées (moins de 10 %)	20 sen par balle
10° La présentation est irrégulière	5 sen par balle.
11° Des balles doivent être remplacées	50 sen par balle.

	Amendes
12° Des balles dont le remplacement a été prescrit sont présentées en retard	1 yen par balle et par jour
13° Des balles remplacées sont refusées	20 sen par balle.

Pilonnage au pied

Après contrôle des quantités, qualités et prix des marchandises livrées, le règlement du marché est fait. Il peut se produire des conflits entre membres de la Bourse, acheteurs et membres vendeurs. Ils sont portés devant un conseil d'arbitrage. Des sanctions sont prévues, outre celles précédemment énumérées, pour les cas spéciaux, tels qu'insuffisance de couverture. Elles peuvent aller jusqu'à la radiation du fautif, cette radiation ne le déliant d'ailleurs pas de ses engagements. Sa charge est vendue aux enchères par une commission de 3 membres nommés par le bureau.

Loi sur le riz. — La loi sur le riz, n° 36 du 4 avril 1921, est ainsi conçue : « Le Gouvernement peut, s'il le juge nécessaire, stocker du riz et en fixer le prix sur les marchés. Il peut, *pour des périodes à déterminer* par lui suivant les circonstances, élever, abaisser, supprimer les droits de douane sur le riz à l'entrée du pays, restreindre et même supprimer l'importation ou l'exportation de ce produit ».

Ce texte trouve sa justification dans les fluctuations considérables des prix pratiqués, fluctuations qui, tour à tour, mettent les productions et les consommateurs dans la situation la plus difficile.

Le Gouvernement a constitué des stocks importants de riz qui lui permettent, en jetant une masse de grains sur le marché, de freiner une élévation des prix sans taxer la marchandise et lui donnent le moyen de soulager la misère du consommateur en cas de cataclysme ; d'un autre côté, achetant en période de bas prix, il renforce la demande et aide le producteur. Enfin, il a pris des mesures protégeant l'agriculture contre la concurrence des riz étrangers.

Entrepots d'état. — Stocks. — Il y a six Entrepôts de Riz du Gouvernement. Le plus grand est celui de Tôkyô, contenant 300.000 koku ; le plus petit celui de Niigata, avec 50.000 koku. Les autres sont à Osaka, Meiji, Sakata, Nagoya.

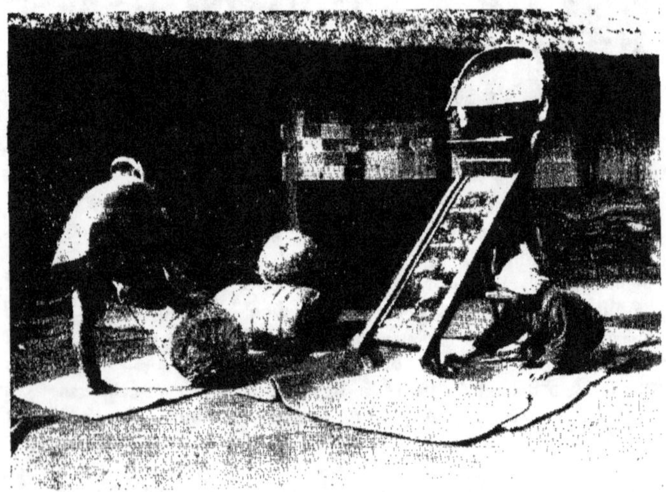

Criblage et mise en tawara

COURS DES RIZ A TOKYO, EN YEN PAR KOKU

ANNÉES	COURS ANNUELS MOYENS	Cours mensuels moyens											
		J	F	M	A	M	J	J·	A'	S	O	N	D
1913	21.39	22.55	21.82	22.09	21.36	21.41	21.70	21.80	20.99	21.74	20.91	20.30	20.00
1914	16.13	19.33	18.35	18.37	17.35	16.38	16.74	15.97	16.81	15.60	13.43	13.00	12.20
1915	13.07	13.47	14.42	14.18	13.64	13.43	13.04	12.73	13 35	11.43	11.39	12.53	13.36
1916	13 78	13.50	13.08	12.71	12.95	13.29	12.92	13.11	14.02	13 50	13.57	15.78	16.70
1917	19.08	16.37	15.81	15.95	16.28	17.27	20.30	21.93	21.14	21.45	23 82	23.93	23.86
1918	32.74	24.03	21.13	26.53	27.38	27.67	28 67	30 59	39.18	38.73	44.41	40.03	40.59
1919	45.97	40.72	40.72	37.16	38.96	42.54	44 38	48.47	50.24	51.60	51.24	52.08	53.80
1920	44.46	54.63	54.—	54.54	51.75	50.60	44.42	45.36	45.19	39.13	37.22	32.38	26.31
1921	30.78	27.01	26.55	25.52	25 92	26.50	26.63	27.64	30.81	34.60	39.59	39.64	38 18
1922	35.14	36 46	36.27	35.64	36 38	35.89	38 18	40.64	38.58	34.83	31.48	28.99	27.33
1923	30.61	27.78	29.38	30.15	31.18	33.21	34.87	34.23	35.—	—	34.13	35.13	35.28
1924	38.56	35.98	36.35	36.62	37.91	37.69	37.69	37.90	39.28	39.86	41 99	41.27	40.36
1925	40.82	39.25	39.42	39.84	40.98	31.16	42 95	44.93	45.21	44.52	43.70	40.40	37.45
1926	37.79	38.07	38.43	37.95	37.78	37.82	39.06	40.24	39.39	37.76	37.28	35.31	34.41
1927	35 43	33.59	35.81	26.37	36 82	36.81	37.23	37.25	36.28	35.59	34.86	33.48	31.08
1928	31.32	31.78	32 28	32.15	31.72	31.08	31.29	30.25	31.69	34.00	31.57	29.58	28.92

(1) Consulat de France à Yokohama.

L'entrepôt de Tôkyô est situé tout au sud de la ville ; on y accède par eau. Il se compose de 70 chambres réunies par groupes formant pavillons isolés : elles sont toutes en rez-de-chaussée surélevé d'un mètre au-dessus du terrain naturel, le dessous étant aussi dégagé que possible. Chaque chambre à 6 m. 50 de haut et 445 m2 de surface et donne sur une large véranda abritée d'un auvent, en contrebas de laquelle court une voie ferrée sur laquelle peuvent circuler des wagons. Toute la construction est en béton armé. Les parois des chambres sont doubles (isolement thermique). Elles sont munies de plafonds qui forment avec le toit des caissons isolants. Les chambres n'ont pas de fenêtres, mais seulement des portes à glissère, doubles ; un panneau grillagé, un autre plein, sont employés suivant les circonstances.

Des bouches d'aération à ouverture réglable sont ménagées dans les planchers, dans le pied des murs, dans les plafonds. Ces dernières sont munies de ventilateurs rejetant à l'extérieur l'air qu'ils puisent dans les chambres. Un bâtiment annexe contient une machine à dessécher l'air. De ce bâtiment part une canalisation générale avec un branchement pour chaque chambre. Une manœuvre de vanne et de ventilateur permet d'envoyer à volonté de l'air sec dans une chambre. Toutes ces manœuvres sont électriques. Du quai, des bateaux mêmes, un élévateur convoyeur conduit les balles aux chambres. Le convoyeur est formé d'éléments mobiles mis bout à bout : des partiteurs permettent les changements de direction (à angle droit) de la marchandise. Les éléments du convoyeur sont montés sur deux roues et tenus en position fixe horizontale par des béquilles. Chacun d'eux a son moteur électrique actionnant le tapis roulant : il suffit de le brancher sur une prise de courant par un fil souple.

Les balles de riz sont classées par lots d'origine. Elles sont empilées sur 5 mètres de haut, en prismes droits, joints alternés, une cheminée ménagée au centre. Elles ne touchent aucune paroi de la chambre. Des isoloirs en bois les en séparent.

La température et l'humidité dans les chambres sont soigneusement contrôlées. Une élévation de température indique une attaque par les insectes. Celle-ci est aussitôt enrayée par emploi de chloropicrine (100 livres anglaises par chambre cubant environ 3.000 m3). Le personnel est muni de masques. Ce traitement à la chloropicrine a lieu chaque année, d'office, même si le grain n'a pas été attaqué.

Bien que décortiqué, le riz se conserve très bien pendant plusieurs années : 6 ans par exemple. On a vendu en 1929 du riz entreposé depuis 1915 à un prix très satisfaisant. En général, le riz ainsi conservé est livré au commerce. Cependant l'entrepôt de Tokyo dispose d'une petite installation de blanchiment pour travailler le grain destiné aux secours publics. D'après le Directeur de l'entrepôt, les plus mauvais lots ne donneraient pas plus de 1/500 de brisures.

Les frais d'exploitation d'un entrepôt comme celui de Tokyo ne sont pas élevés. Il n'y a que douze employés, comptables compris. La manutention est payée à forfait 3 sen par balle, à l'entrée comme à la sortie.

En dehors des 6 entrepôts du Gouvernement dont il vient d'être question, d'autres entrepôts existent dans toutes les provinces, qui ont ainsi des stocks variés, allant de 20.000 koku à 1 million de koku, détenus par l'administration et par les particuliers, producteurs ou négociants.

Dans l'ensemble, les stocks constitués ont été, dans les dernières années.

ANNÉES	RÉCOLTES EN MILLIONS DE KOKU	STOCKS EN MILLIONS DE KOKU	POURCENTAGE DE RÉCOLTE PRÉSENTÉ PAR LES STOCKS
1924	57.1	5.2	9.1
1925	59.7	5.5	9.2
1926	55.6	6.0	10.8
1927	62.1	5.8	9.3
1928	60.3	7.8	12.9

MESURES DOUANIÈRES. — Le parti politique Seiyu-Kai a inauguré sa politique de protection de l'agriculture en faisant prendre la mesure douanière qui fait l'objet du rescrit impérial n° 22 du 6 mars 1928. Le texte dispose que l'importation du riz et du paddy au Japon est prohibée à compter du 31 août 1928, sauf licence accordée par le Ministre de l'Agriculture pour le Japon propre et par les Gouverneurs pour la Corée et Formose. Cette prohibition n'est pas opposable aux importateurs de grain ou dérivés provenant de pays ayant avec le Japon des traités de commerce.

Le rescrit prévoit une période d'application allant du 6 mars au 31 août 1928 ; cette période a été prolongée par rescrit n° 192 du 4 août 1928 jusqu'au 31 décembre 1928, puis par rescrit n° 279 du 20 décembre 1928 pour toute l'année 1929.

Les seuls pays pouvant invoquer des accords commerciaux leur permettant d'importer des riz au Japon sont les Etats-Unis et le Siam.

Le rescrit du 6 mars 1928 a été suivi, le 7 mars d'un arrêté ministériel dont l'analyse suit. Les demandes de licences d'importation de riz doivent préciser :

a) La nature exacte et la quantité des marchandises à introduire (paddy ou riz, blanchi ou non, % de brisures) ;

b) Leur emploi ;

c) Leur pays de provenance et date d'embarquement ;

d) Leur pays de destination et date de débarquement.

La licence accordée devient caduque si l'importation n'est pas réalisée dans les 60 jours suivant sa délivrance.

Les importateurs de paddy ou dérivés doivent dès l'arrivée de la marchandise déclarer : 1° à la Douane, la nature, les quantités et qualités introduites et leur pays de provenance, déclaration à appuyer de certificats d'origine visés par les autorités consulaires japonaises ; 2° au Ministère de l'Agriculture, la nature, les quantités et qualités introduites, le port et la date de débarquement.

Le régime des licences d'importation pouvait laisser aux pays fournisseurs habituels du Japon l'espoir de continuer leur commerce avec ce pays. En fait il équivaut à une prohibition absolue des riz de Saigon et de Rangoon, malgré les démarches effectuées par les grands omniums intéressés comme Mitsui, Mitsubichi, Asano.

Le tableau ci-dessous montre le dommage subi par l'Indochine du fait qu'elle n'a point de traité de commerce avec le Japon ; en moyenne 37 % de 8 millions de piculs.

PRATIQUES DU COMMERCE DES RIZ ÉTRANGERS. — Si les licences d'importation au Japon propre sont à peu près impossibles à obtenir, il n'en est pas du tout à fait de même en Corée et à Formose. D'où quelques essais d'achats de négociants japonais sur la place de Saigon. Le commerce des riz étrangers au Japon est organisé assez spécialement, comme suit :

Les véritables importateurs sont de très grosses maisons, comme Mitsui, Mitsubichi etc... Ils sont une vingtaine, dont 4 ou 5 travaillent effectivement. Ils spéculent rarement pour leur compte et opèrent à la commission pour le compte de grossistes tels que les maisons Suziki, Kimura, en petit nombre également, qui fournissent le consommateur.

Les grossistes sont associés entre eux et avec les importateurs. Les importateurs doivent demander au Gouvernement les licences d'importation, conformément à l'arrêté ministériel analysé plus haut. Pratiquement ils ne peuvent faire cette demande qu'après avoir contracté en pays producteur ; ils risquent donc de se trouver destinataires d'une marchandise qu'ils ne pourront introduire. Les difficultés d'obtention des licences n'étant pas les mêmes en tous pays, après un échec sur une place, une nouvelle tentative est faite sur une autre. En fin de compte il reste Changhaï. Pendant le second semestre 1929, il n'a pas été accordé de licences pour le Japon propre ni pour Formose. Quelques unes ont été données pour la Corée en novembre, représentant 8.000 tonnes.

ANNÉES	TOTAL IMPORT OF FOREIGN RICE UNITÉ A PICUL	PERCENT OF TOTAL IMPORT OF FOREIGN RICE FROM FRENCH INDOCHINA				TOTAL IMPORT OF FOREIGN RICE PERCENT FROM BRITISH INDIA				TOTAL IMPORT OF FOREIGN RICE PERCENT FROM				TOTAL IMPORT OF FOREIGN RICE PERCENT FROM				TOTAL IMPORT OF FOREIGN RICE PER-CENT OTHERS COUNTRIES TOTAL
		Total	Japan Proper	Korea	Formose	Total	Japan Proper	Korea	Formose	Total	Japan Proper	Korea	Formose	Total	Japan Proper	Korea	Formose	
1918 ...	12.420.308	55.9	52.5	1.-	2.4	32.7	32.7	0,-	0,-	7.3	6.7	0.4	0.2	0.	0.	0.	0.	4.1
1919 ...	12.550 606	65.2	64.-	0.3	0.9	0.5	0 5	0,-	0,-	20.6	20.5	0.1	0.	0.	0.	0.	0.	13.7
1920 ...	1.657.322	57.2	56.3	1.1	0.8	0.1	0.1	0,-	0,-	7.4	7.4	0.	0.	0.	0.	0.	0.	35.3
1921 ...	4 214.033	45.2	44.08	0,	1.4	2.8	2.7	0,-	2 4	36.9	93.	0.	0.9	6.8	6.8	0.	0.	8.3
1922 ...	7.624.319	20.5	20.4	0,-	0.1	2.56	25.2	0,-	0.4	38.9	38.5	0.	0.4	15.	15.	0.	0.	0.
1923 ...	4.529.670	19.3	19.1	0.1	0.1	23.6	22.5	0.9	0.2	39	38.4	0	0.6	8.5	8.5	0.	0.	9.6
1924 ...	8.313 808	19.6	9.6	0,-	0,-	44,-	44,-	0,-	0,-	27.5	27.0	0.	0.5	3.8	3.8	0	0.	5.1
1925 ...	13.293.375	31.9	34.9	0,-	0,-	37.5	37 5	0,-	0,-	21.5	21.	0.	0 5	1.4	1.4	0.	0.	4.7
1926 ...	8.290.784	30.7	25.6	4.8	0.3	30.3	21.1	0,-	9.2	21.7	19.3	0.	2.4	2.5	2.5	0.	0.	14.8
1927 ...	11.870.262	26.0	25.6	0.2	0.4	34.7	21.4	0,-	13.3	28.5	25.4	0.	3.1	6.2	6 2	0.	0.	4.4
1928 ...	6.475.908	33.1	22.6	8.1	2.4	9.4	4.1	0,-	5.4	42.1	38.9	0.	3.2	6.0	6.0	0.	0.	9.4
Means	8.276.217	17.07				21.9				26.5				4.5				9.9

(Sec. Ministère des Affaires étrangères japonaises).

Décorticage à la meule (bois et terre) ; tarare

Les pays consommateurs de riz étrangers sont surtout le Nord du Japon, la Corée, Formose. Au Japon propre, le paysan, ayant récolté, vend son riz et rachète pour sa consommation du riz étranger moins cher. Sa demande se produit de décembre à février. Les pêcheurs demandent du riz étranger en été. Les mêmes faits s'observent en Corée.

A Formose, le cultivateur fait deux récoltes : l'une, de juin à août, de variétés japonaises ; le produit en est partiellement exporté au Japon propre. L'autre, en novembre-décembre, de variétés de Formose ; le produit est consommé sur place et satisfait presque aux besoins ; une petite demande de riz étrangers se produit avant la première récolte, d'avril à mai.

Le riz de Saigon rond paraît être acheté de préférence aux riz de Rangoon (straits quality). Le riz de Siam est trop cher et d'un placement limité. Le riz de Californie se présente un peu comme le riz du Japon propre et est estimé.

CONCLUSION

L'esprit, naturellement, cherche à rapprocher les conditions de la production et du commerce du riz au Japon d'une part, en Indochine d'une autre.

Mise en meule de paille

Par quelques rares traits les hommes se ressemblent. Les sols diffèrent ; les climats surtout. Sauf un peu au Tonkin, l'Indochine ignore l'action bienfaisante de l'hiver sur la terre, la répartition des pluies favorables aux combinaisons culturales. La sélection généalogique, possible au Japon sans isolement est, pour le moins, hasardeuse en climat tropical, avec 30° de température et une humidité relative voisine de 100. Enfin les conditions commerciales distinguent les deux pays.

Les engrais généralement employés par le paysan japonais sont en bonne partie de fabrication locale. Il avance 20 % de ses recettes brutes de culture sous forme d'engrais. Hormis le phosphate, l'Indochine importe tout. Que représentent en engrais 20 % des recettes brutes du cultivateur, s'il paye le kilogr. d'azote 0 $ 80 à 1 $? Il est vrai que le riz, de peu de valeur en Indochine, est une marchandise de prix au Japon : l'Indochine exporte son riz, tandis que le Japon, qui en manque, en soutient encore le prix par des mesures douanières (mais quelle régularité, quelle présentation du produit !).

Le thème des comparaisons serait facile à développer. Ceci suffit à indiquer que, si des points notés dans la présente étude peuvent être retenus, l'idée d'une translation intégrale de méthodes et d'organisation ne se justifierait pas. Non plus qu'une adaptation. Surtout dans les domaines social et commercial. Pour le premier les Japonais sont venus étudier en France et en Allemagne les principes et les applications de la mutualité. Pour le second, l'inspiration est européenne et nord-américaine. Etant à la source, pourquoi n'y pas puiser ? Mais les Japonais ont donné des exemples d'application dans leur milieu propre de principes étrangers qui méritent d'être médités. Parmi les principaux sont : La discipline des services techniques sous le contrôle de la Station Impériale ; l'exacte connaissance, par l'administration, des surfaces cultivées et des rendements obtenus ; son souci de lier la terre et celui qui la travaille ; la diffusion de l'enseignement technique agricole, l'organisation des organes coopératifs, surtout de crédit et de vente ; la possibilité d'intervention que donne au Gouvernement l'existence de stocks d'Etat égaux au dixième de la production annuelle.

Un souhait, pour finir. Que les tractations commencées en 1924 pour l'élaboration d'un traité de commerce entre l'Indochine et le Japon aboutissent, élargissant le marché des riz de Saigon.

M. DEVISME,

Ingénieur principal des Travaux d'Agriculture,
Chef du Bureau d'études d'Hydraulique Agricole.

Imp. d'Extrême-Orient. — Hanoï